아이 문해력,
초등 6년이 답이다

# 아이 문해력, 초등 6년이 답이다

| | |
|---|---|
| 초판 1쇄 인쇄 | 2023년 11월 20일 |
| 초판 1쇄 발행 | 2023년 11월 30일 |
| 지은이 | 이주희 |
| 펴낸이 | 우세웅 |
| 책임편집 | 김은지 |
| 기획편집 | 김휘연 |
| 북디자인 | 김세경 |
| 종이 | 페이퍼프라이스㈜ |
| 인쇄 | ㈜다온피앤피 |
| 펴낸곳 | 슬로디미디어그룹 |
| 신고번호 | 제25100-2017-000035호 |
| 신고연월일 | 2017년 6월 13일 |
| 주소 | 서울특별시 마포구 월드컵북로 400, 상암동 서울산업진흥원(문화콘텐츠센터) 5층 22호 |
| 전화 | 02)493-7780 |
| 팩스 | 0303)3442-7780 |
| 전자우편 | wsw2525@gmail.com(원고투고·사업제휴) |
| 홈페이지 | slodymedia.modoo.at |
| 블로그 | slodymedia.xyz |
| 페이스북·인스타그램 | slodymedia |

ⓒ 이주희, 2023

| | |
|---|---|
| ISBN | 979-11-6785-164-2 (03590) |

한 권으로 끝내는 우리 아이 문해력의 모든 것

★ ★ ★

# 아이 문해력,

# 초등 6년이 답이다

이주희 지음

설렘

교실에서의 첫 번째 봄이 아직도 생생합니다. $52 \div 4$를 가르치자 $78 \div 6$을 풀어내는 30명의 아이들이 너무나 신기했습니다. 가르치면 배운 것을 익혀 활용하는 아이들을 보는 게 감사해서 한참을 쳐다보곤 했습니다. 그 작은 손으로 자기 생각을 적고, 필기하고, 미술 활동을 하며 쑥쑥 커나가는 아이들의 모습을 잊을 수가 없습니다. 심지어 급식을 먹을 때 제가 먹는 모습을 그대로 따라 하고, 은연중에 제 말투까지 배우는 아이들을 보며 교사의 역할이 얼마나 중대한 것인지 느꼈습니다.

아이 인생의 한 부분을, 아이 인생의 소중한 순간을 함께한다는 점에서 부모와 교사는 참 귀한 인연입니다. 그리고 부모와 교사는 아이들의 본보기이자 누구보다 아이가 잘되길 바란다는 공통점이 있습니다.

아이들을 만나면서 책임감에 짓눌린 학부모님도 그만큼 많이 만났습니다. 학부모님들의 주된 고민은 거의 아이의 '교우 관계'와 '성적'이었습니다. 저는 좋은 교우 관계와 성적에 대한 비결을 문해력에서 찾았습니다. 문해력이 높아야 의사소통을 잘하고, 성적도 높일 수 있기 때문입니다.

어휘 공부, 책 읽기, 글쓰기를 부모가 다룰 수 없는, 아이 개인의 성향이라고 여기는 분이 많습니다. 마음 같아서는 이렇게 생각하는 분들에게 문해력 교육이 왜 필요한지, 책을 좋아하는 아이로 만드는 비법은 무엇인지, 왜 글쓰기를 해야 하는지 다 말씀드리고 싶은 심정입니다. 그러나 그간 문해력을 성장시키는 일은 그간 공부보다 뒷전으로 여겨지고, 아이의 공부와 삶에 미치는 영향은 주목받지 못한 게 사실입니다. 아이들의 어휘력이 급격하게 떨어지고 있다는 느낌을 시작으로 '읽기, 쓰기를 어려워하는 모습을 요즘 아이들의 특성으로 받아들여야 하는가'라는 사회적 고민이 심해질 때쯤이 되어서야 문해력 교육에 관심을 두는 분위기입니다.

당시 저는 아이들의 성장에 도움이 되는 교육 방법을 찾아 헤매다가 상당 기간 '온책 읽기'를 연구해 온 상태였습니다. 운이 좋게도 1년 차부터 온책 읽기의 대가들을 여럿 만났거든요. 온책 읽기 교육에서 시작하여 어휘, 독서, 글쓰기 교육으로 체계화된 문해력 교육을 실천하던 중이었습니다. 과거의 독서 교육이 아이들의 삶과 연결되는 온책 읽기 교육으로 이어지고, 이 온책 읽기 교육은 어휘,

독서, 글쓰기 등을 포함한 문해력 교육이라는 넓은 차원으로 다뤄지고 있습니다. 많은 선생님과 이 과정을 함께 하며 문해력 교육을 연구했습니다.

고기를 잡아주지 말고 고기 잡는 법을 가르쳐 주라는 속담이 있습니다. 초등학교 아이들에게 정말 필요한 건 1년에 백 권 읽기, 주요 과목 백 점 맞기 같은 타이틀이 아닙니다. 삶에서 행복을 찾는 법, 다른 사람과 함께 어울리는 법, 생각하는 법, 빠르게 변화하는 시대에 적응하는 법을 아는 게 필요합니다. '왜 우리 아이는 배워도 이해하지 못하는 걸까?', '공부하면 잘할 것 같은데 왜 하지 않는 걸까?', '왜 학년이 올라갈수록 책 읽기를 멀리할까?'라는 생각이 든다면 아이의 문해력 학습이 필요한 때입니다.

유네스코에서 정의한 바에 따르면 문해력이란 '다양한 내용에 대한 글과 출판물을 사용하여 정의, 이해, 해석, 창작, 의사소통, 계산 등을 할 수 있는 능력'을 의미합니다. 즉, 문해력은 모든 것을 배울 수 있게 해주는 기본기, 인성 교육의 기본기가 됩니다. 자연스럽게 성적에 긍정적인 영향을 주는 경우가 많고 요즘처럼 공감을 잃어가는 시대에 꼭 필요한 교육이기도 합니다. 아이들은 문해력 교육을 통해 타인의 입장을 깊게 이해하기도 하고 소통하기도 합니다. 또 인내와 열정 같은 삶의 가치를 얻기도 합니다.

그렇다면 어떻게 해야 아이들의 문해력을 키울 수 있을까요? 그동안 아이의 문해력이 걱정되지만 어떻게 시작할지 막막해하신 분들은 이 책 한 권으로 문해력 교육의 전반적인 내용을 알고 실천할 수 있을 것입니다.

1장에서는 교육의 현실, 문해력 교육의 의미와 필요성 등 문해력 전반에 관한 이야기를 다루었습니다. 그리고 문해력 향상을 위한 방법 세 가지를 정리하여 2장에서는 어휘 교육, 3장에서는 독서 교육, 4장에서는 글쓰기 교육을 다루었습니다.

이 책에 현장에서 아이들의 문해력 교육을 위해 노력한 수많은 선생님의 노하우를 정리하였습니다. 아이들의 아침 시간, 수업 시간, 놀이 시간, 식사 시간까지 함께하는 담임제의 특성을 고려하여 아이의 삶 전반에서 실천하기 좋은 문해력 교육 내용을 포함하였으며, 학부모님들이 공통으로 고민하는 사항과 가정에서 꾸준히 실천하기에 부담이 없을 활동으로 채웠습니다.

아이들이 살아갈 세상이 조금 더 행복할 수 있도록, 아이들의 꿈과 희망을 키워나갈 수 있도록 바라며 이 책을 시작합니다. 문해력 교육이 아이들 삶의 길잡이가 되길 바랍니다.

이주희

차례

# 1장

# 문해력의
# 진실

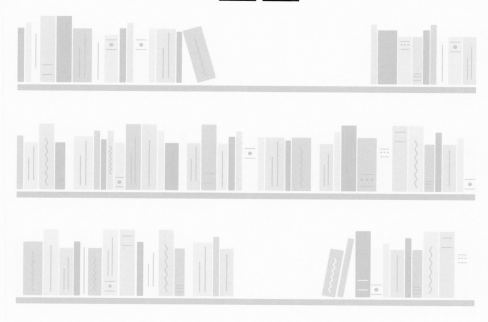

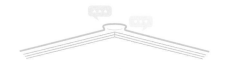

# 디지털 키즈가 온다

언제부턴가 식당에서 스마트기기로 유튜브를 시청하는 아이가 많아졌습니다. 유튜브를 더 보기 위해 부모에게 스마트폰을 달라고 조르기도 합니다. 반면 스스로 공부나 책을 찾는 아이들은 비교적 드뭅니다. 공부나 독서도 유튜브 영상처럼 재미있고 모든 것을 편하게 이해시켜 주면 좋을 텐데 현실은 그렇지 않습니다. 학교에서도 이러한 아이들의 모습이 그대로 드러납니다. 스마트폰과 함께 자란 아이들의 문해력 현주소는 어떨까요?

### ■ 스마트폰이 변화시킨 요즘 아이들 ■

국제학업성취도평가PISA 읽기 테스트에서 핀란드와 1, 2위를 다투던 한국은 2015년부터 급격하게 점수대가 하락했습니다. 그 시기 우리 사회에는 급격한 사회 변화의 시발점이 있었습니다. 바로 스마트폰의 보급입니다. 많은 전문가는 요즘 아이들의 문해력이 낮은 이유를 스마트폰에서 찾습니다. 더 심각한 문제는 10대 청소년들의 '스마트폰 과의존 위험도'가 높아졌다는 점입니다. 스마트폰을 과도하게 즐기는 아이들은 애써 다져 둔 문해력이 정체되거나 퇴화하는 현상을 겪기도 합니다.

확실히 스마트폰은 자극적이고 재미있습니다. 화려하고 역동적인 정보들이 지루할 틈을 주지 않습니다. 자기 조절과 행동 제어가 어려운 초등학생들에게 스마트폰은 저항할 수 없는, 치명적인 유혹입니다.

아이들은 스마트폰으로 영상을 보거나 게임을 하면서 지속적인 자극과 끊임없는 주의 분산을 경험합니다. 관심 있는 정보는 SNS의 짧은 글과 짧은 영상으로 무제한 제공받습니다. 대충 보고 손가락만 움직이면 다음 정보로 넘어가는 세상에 사는 아이들에게 독서나 공부가 상대적으로 지루하게 느껴질 수밖에 없습니다.

**스마트폰은 아이의 읽기 방식을 변화시켰습니다.** 스마트폰으로 글을 읽을 때를 떠올려 보면, F자 혹은 Z자 형태로 읽는 것을 알 수 있습니다. 텍스트상의 주요 단어만 재빨리 훑어 내리면서 내용을 파악하는 것입니다. 읽기를 연구하는 학자인 지밍 리우 Ziming Liu 는 이러한 읽기 방식을 새로운 디지털 읽기의 표준인 '훑어보기'라고 하였습니다. 종이책으로 내용을 읽고 이해하는 법을 충분히 익히지 못한 상태에서 디지털 읽기에 친숙해진 아이들은 모든 텍스트를 훑어 읽기, 건너뛰며 읽기, 대충 읽기로 읽게 됩니다.

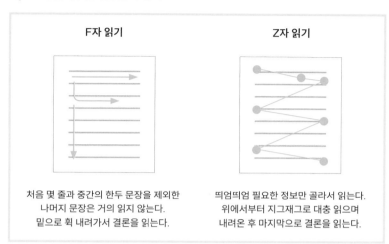

| F자 읽기 | Z자 읽기 |
|---|---|
| 처음 몇 줄과 중간의 한두 문장을 제외한 나머지 문장은 거의 읽지 않는다. 밑으로 휙 내려가서 결론을 읽는다. | 띄엄띄엄 필요한 정보만 골라서 읽는다. 위에서부터 지그재그로 대충 읽으며 내려온 후 마지막으로 결론을 읽는다. |

  요즘에는 읽기의 필요성을 느끼지 못하는 아이도 많습니다. 궁금한 정보를 스마트폰으로 얻을 수 있는데 굳이 무언가를 배우고 사고하는 과정이 필요하다고 생각할까요? 생각하는 것을 싫어하는 아이를 위한 편리한 대안도 많이 생겨났습니다. 책의 내용을 요약하고 느낌을 말해주는 유튜버의 등장은 '책을 왜 읽어야 하지?'라는 의문까지 들게 합니다. 편리함과 효율성이 중시되는 세상에서 점점 더 편한 것을 찾는 아이들은 스스로 생각하는 힘을 잃어 갑니다.

### ■ 문해력이 낮은 디지털 키즈들 ■

  심리학에는 '설정set'이라는 개념이 있습니다. 특정한 상황이나 문제에 대해 가지고 있는 인지적 구조를 의미하는데, 이는 사람마다 새로운 정보를 받아들이고 해석하는 데에 영향을 미칩니다.

**빠른 정보 처리 속도가 특징인 스마트폰에 익숙해진 아이의 기본 '설정'은 스마트폰에서 활용하는 정보처리 방식으로 발달합니다.** 대부분의 시간이 자극과 오락으로 가득 차 있었다면, 아이의 깊이 읽기 활동은 어려워집니다. 스마트폰을 끄고 책을 본다고 해도 '설정'된 방식의 읽기가 계속됩니다.

많은 아이의 '설정'이 지루하고 따분하게 느껴지는 텍스트에서 멀어지고 있습니다. 편리한 시대에 사는 아이들에게 독서와 공부만큼 불편한 건 없습니다. 요즘 교실에는 문제를 읽지도 않고 어떻게 푸는지 물어보는 아이, 문제를 읽고도 이해하지 못하는 아이가 정말 많습니다. 보편적으로 쓰이는 단어도 알지 못하는 아이, 긴 글만 보면 읽을 생각을 하지 않는 아이, 교과서 수업에 무뎌지는 아이, 재미있지 않으면 집중하지 못하는 아이, 생각하는 것을 힘들어하는 아이가 많아지고 있습니다.

이런 아이들의 인지적 구조는 듣기와 읽기를 통해 정보를 이해하는 것이 어렵도록 '설정'되어 있습니다. 상대의 말이나 글의 핵심을 파악하지 못하고, 문맥을 통해 추론하는 사고 활동을 멀리하다 보니 직설적으로 이야기해 주지 않으면 엉뚱하게 알아듣습니다. 아이를 이해시키려면 단순히 정보를 제공하는 것 이상으로 적절한 설명과 예시가 필요합니다. 안타까운 점은 아이들이 이미 지식을 떠먹여 주는 상황에 너무나 익숙해져 있다는 것입니다.

아이가 보고 듣는 것에 기울이는 주의의 질도 예전 같지 않습니다. 학교에서 수업을 듣는 아이들을 살펴보면, 화면이 바뀌고 효과음이 있는 시각 자료에만 짧고 얕은 주의를 기울이는 경향이 있습니다. 미국의 전 대통령 버락 오바마는 "이제 정보는 힘을 주는 도구도 해방의 도구도 아닌 주의 분산과 기분 전환, 일종의 오락이 되었다."라고 걱정했습니다. 정보가 계속 피상적인 수준의 수용에서 그치고 일종의 오락으로만 여겨진다면 우리는 진정한 사고를 할 수 없게 됩니다. 주의의 질이 낮아지는 것은 결국 아이의 문해력에 악영향을 주게 됩니다.

### ▪ 피할 수 없으면 즐겨라 ▪

인간이 잘살기 위해 만든 뛰어난 기술들이 되레 인간을 바보로 만들고 있다는 것은 수치스러운 일입니다. 하지만 인간이 불을 발견하기 전 시절로 돌아갈 수 없듯이, 스마트폰이 없던 시절로 돌아갈 수는 없습니다. 스마트폰을 활용한 세상의 변화는 가속화되며 미래의 삶에 지배적인 영향을 끼칠 것입니다. 따라서, 아이를 문해력 인재로 키우기 위해 스마트폰을 아예 금지하는 것은 시대에 뒤떨어지는 주장일 수 있습니다. 다가오는 미래를 외면하면서 미래를 살아가야 할 아이들을 지도할 수는 없으니까요.

평생 스마트폰이 없는 세상에 아이를 살게 할 방법은 없습니다. 차라리 스마트폰을 활용하면서도 문해력을 키우는 사고를 할 수 있

**도록 방향을 잘 잡아주는 게 현실적입니다.** 부모는 그 첫걸음으로 아이가 동영상을 볼 때 함께 봐줄 수 있습니다. 수동적 미디어 시청이 아닌, 함께 본 동영상에 관해 대화하고 사고할 수 있는 활동을 제시하는 것입니다. 예능 형식이 가미된 교양 프로그램을 함께 보고 생각을 나눌 수도 있습니다.

아이들이 소비하는 스마트폰 속 콘텐츠와 관련된 읽기 자료를 제공할 수도 있습니다. 자동차를 좋아하는 아이에게 일론 머스크의 삶이 드러나는 글을, 아이돌에 푹 빠진 아이에게 아이돌의 인터뷰 자료나 칼럼을, 먹방을 자주 보는 아이에게 음식 레시피를 제공하는 것입니다. 아이들이 관심 없는 '좋은 글'보다는 아이들이 관심 있는 '덜 좋은 글'이 낫습니다.

자극적이고 재미있는 스마트폰은 아이들의 읽기 표준을 훑어보기로 변화시켰습니다. 스마트폰 속 넘치는 정보는 읽기의 필요성을 느끼지 못하게 만들었습니다. 아이들은 점점 텍스트와 멀어지며 정보에 주의를 덜 기울이는 인지 구조를 보이고 있습니다. 그렇다고 해서 스마트폰을 무작정 금기시하는 방법은 시대착오적일 수 있습니다. 스마트폰을 사용하면서도 사고하는 능력을 키울 방법을 실천해 아이가 올바른 문해 방식을 형성할 수 있도록 도와주시길 바랍니다.

# 우리 아이에게 물려줄
# 최고의 자산은 문해력이다

문해력의 필요성에 공감하며 관심이 높아진 건 비교적 최근의 일입니다. 학부모 상담을 할 때도 '책을 잘 안 읽는다', '수학 문장제 문제를 이해하지 못한다', '쉬운 어휘도 모른다', '이야기의 요점을 파악하지 못한다' 등을 근거로 아이의 문해력을 우려하는 분이 많아졌습니다. 그렇다면 문해력은 도대체 무엇이고, 삶에 어떤 영향을 미치는 걸까요? 아이에게 문해력을 키워주어야 하는 이유를 알아보겠습니다.

### ■ 문해력이란 무엇인가 ■

라틴어 'literatus'에서 파생한 단어인 '문해력'은 시대의 흐름에 따라 그 의미를 끊임없이 확장해 왔습니다. 고대에는 '문학에 조예가 있는 학식 있는 사람'으로, 중세에는 '라틴어를 읽을 수 있는 사람'으로, 종교 개혁 이후에는 '자신의 모국어를 읽고 쓸 수 있는 능력을 갖춘 사람'으로 정의되었습니다. 오늘날에는 유네스코의 정의에 따라 '**다양한 내용에 대한 글과 출판물을 사용하여 정의, 이해, 해석, 창작, 의사소통, 계산 등을 할 수 있는 능력**'을 말합니다.

아이의 문해력이라고 하면 흔히 책을 읽는 능력과 교과서를 이해하는 능력 정도를 생각합니다. 그러나 아이의 문해력은 텍스트를 읽는 수준보다 더 높은 차원의 소통 방식이어야 합니다. 서울대학교 신종호 교수는 "문해력이란 단순히 책을 읽고 이해하는 것을 넘어 읽은 것을 다른 것과 연계시키는 능력, 중요한 정보인지 아닌지를 판단하는 능력, 정보들을 연결해 자신의 아이디어로 만드는 능력"이라고 하였습니다. 즉, 문해력을 갖추면 문자로 표현된 모든 것을 자유자재로 활용할 수 있습니다.

초등학교 저학년 시기에 완성되는 기초 문해력은 크게 소릿값의 이해, 파닉스, 어휘력, 유창성, 독해 다섯 가지 측면으로 나누어집니다.[2] 여기에서 첫 번째 단계는 소릿값의 이해이고, 두 번째 단계는 소릿값과 철자를 연결하는 파닉스입니다. 이 두 가지를 합쳐서 '해독 능력'이라고 합니다. 세 번째 단계인 어휘력은 단어를 이해하고 그 의미를 떠올리는 능력입니다. 네 번째 단계인 유창성은 글을 빠르게, 정확하게, 적절하게 읽는 능력을 말합니다.[3] 마지막 다섯 번째 단계인 독해 능력은 지식과 경험을 바탕으로 글의 내용을 추론하고 의미를 구성해 내는 능력입니다. 문해력을 키우려면 위 다섯 가지 요소가 균형 있게 발달해야 합니다.

아이들은 기초 문해력을 기반으로 하여 학년이 올라갈수록 높은 수준의 문해력을 갖추게 됩니다. 글의 내용을 문제 해결과 관련하여 생각하며, 자신의 의견을 구성하고 주장할 수 있는 능력을 기르는 것입니다. 고학년의 경우에는 읽은 글을 분석하고 평가하는 비판적 사고력을 갖추고, 글에서 새로운 관점이나 지식을 얻어 창의적인 아이디어를 낼 수 있습니다. 아이디어를 조합하여 문제 해결이나 글쓰기에 활용하기도 합니다.

### ▪ 문해력이 아이의 삶에 주는 영향들 ▪

눈을 감고 우리 아이의 일과를 떠올려 봅시다. 아이들은 보통 가족과 평범한 대화로 아침을 시작해, 학교 수업 참여 및 친구들과 함께하는 다양한 활동, 쉬는 시간에 하는 보드게임, 전달 사항을 안내하는 담임 선생님의 말씀, 여가 시간에 하는 독서, 학원 수업 참여, 친구들과 나누는 요즘 이야기 그리고 다시 가족과 함께하는 오늘의 이야기로 하루를 마칩니다. 아이가 보낸 하루 중에서 문해력과 관련이 없는 것이 있던가요? 아닐 것입니다. 문해력은 아이의 일과 전반에, 삶 전반에 영향을 끼칩니다.

'학교에서의 수업 시간'을 예로 들어보겠습니다. 아이는 수업 시간 내내 교과서, 학습 보충 자료, 선생님 또는 친구들과의 대화를 접하며 문해력을 발휘해야 하는 환경에 놓입니다. 우선 교과서와 학습 보충 자료를 읽을 때는 문해력을 통해 단어, 문장, 문단의 의미를 파악하고 문맥을 이해해야 합니다. 텍스트에서 주제와 핵심 아이디어를 파악해야 함은 물론입니다. 선생님이나 친구들과의 대화에서는 문해력을 통해 생각을 나누고, 다양한 관점으로 바라보고, 필요한 정보를 찾아 활용합니다. 문해력은 아이가 다양한 정보를 얻고 활용하기 위한 기반이 됩니다.

이번에는 '여가 시간에 책 읽기'를 예로 들어보겠습니다. 책을 읽으면 상상력과 창의력이 자극됩니다. 이 과정을 통해 아이는 새로운 세계를 탐험하고, 이야기와 인물에 공감하고, 다양한 아이디어를 도출합니다. 인물의 의견에 대해 자기만의 판단을 하거나 책 속 내용을 확장해 자기 삶에 적용하기도 합니다. 문해력은 아이의 생각하는 힘을 길러줍니다.

'가족과 함께 이야기를 나누는 시간'에는 어떨까요? 문해력이 뛰어난 아이는 가족 구성원과 대화할 때 상대방의 입장과 나의 입장을 고루 고려하여 적절한 표현을 합니다. 엄마한테 혼난 동생을 따뜻하게 위로할 수 있으며, 피곤한 부모님에게 힘이 되는 말을 해드릴 수도 있습니다. 용돈이 필요하면 부모님을 살살 녹이는 말과 적절한 근거를 활용하여 소정의 목표를 달성할 수도 있습니다. 즉, 자기 생각을 명확하고 효과적으로 전달함으로써 가족과 원활한 의사소통을 할 수 있습니다. 문해력은 자기 생각과 감정을 타인에게 효과적으로 전달하게 합니다.

## ▪ 문해력은 평생을 지속한다 ▪

아마존의 CEO 제프 베이조스 Jeff Bezos는 한 언론사와의 인터뷰에서 "10년 후에는 어떤 변화가 있겠냐는 질문을 많이 받는다. 그러나 그 누구도 10년이 지난 뒤에도 '바뀌지 않을 것'이 무엇이냐는 질문은 하지 않는다. 오랜 시간이 지나도 불변하는 것을 알 수 있다면 그곳에 에너지를 많이 투자해야 한다."라고 말했습니다.[4] 이는 안정성과 지속성을 갖춘 요소에 투자하는 것이 현명한 선택임을 의미합니다. 아이의 삶에도 '오랜 시간이 지나도 불변하는 것'을 중심으로 한 고민이 필요해 보입니다.

그렇다면 아이에게 있어 '오랜 시간이 지나도 불변하는 것'은 무엇일까요? 바로 문해력입니다. **문해력은 아이의 현재와 미래를 대비하는 생존 능력이자 삶을 더 가치 있게 만들어 주는 능력입니다.**

아이가 "나는 유튜버가 될 건데 왜 책을 읽어야 해?", "나는 축구 선수가 될 건데 무슨 문해력이 필요해?"라고 말한다면, 문해력의 중요성에 대해 다시 일깨워 줄 필요가 있습니다. 유튜버가 되려면 사람들의 공감을 불러일으킬 수 있는 콘텐츠가 있어야 합니다. 스크립트 작성, 콘텐츠 찾기, 소통하기 모두 문해력이 요구되는 일입니다. 또 축구 선수가 되려면 전술과 지시 사항을 명확하게 이해하고, 팀원들과 원활하게 소통하는 능력이 있어야 합니다. 모두 문해력이 요구되는 일입니다.

우리 삶에 필요한 문해력은 더욱 다양해지고 있습니다. 미디어에서 제공되는 정보의 신뢰성을 판단하는 미디어 문해력, 정치 이슈와 정책을 이해하고 평가하는 정치 문해력, 사회 문제와 문화적 다양성을 평가하고 소통할 수 있는 사회문화 문해력, 금융 정보를 이해하고 활용하는 금융 문해력, 건강 정보와 처방전을 해석하는 건강 정보 문해력 등 우리의 일상은 다가오는 말과 글을 이해하는 나날의 연속입니다. 세상의 많은 정보가 글을 통해 표현되고 설명되기 때문입니다. 글을 이해한다는 건 세상을 이해하는 일입니다.

지금까지는 자기 분야를 탐구하는 것만으로도 최소한의 물질적 여유와 미래를 보장받을 수 있는 세상이었습니다. 하지만 이제는 흐름을 파악하고 그 시대적 성공에 편승할 수 있는 사람이 잘살게 되는 세상입니다. 그래서 뭐든 학습하고 활용할 수 있는 능력인 문해력을 찾고 있는 건 아닐까요? 어떤 상황에서도 자신의 가치를 찾는 아이로 자라나길 바란다면, 아이가 풍부한 삶을 누리고 발전하길 원한다면 문해력이 필수입니다.

# 문해력이 높은 아이가
# 공부를 잘한다?

    부모는 아이가 문해력을 통해 뛰어난 통찰력을 갖추고 지혜롭게 자라기를 바라는 동시에 성적에 긍정적인 영향이 있기를 기대합니다. 마음 한편에 '문해력을 길러서 공부까지 잘하는 아이'로 성장하길 바라는 마음이 있는 것입니다. 그런데 정말로 문해력이 공부와 관련이 있을까요? 부모들의 바람처럼 문해력이 높으면 공부를 잘하는 아이로 자라날까요?

    ■ **평가의 중심에는 문해력이 있다** ■

    수십 년 동안 교육과정과 입시 제도에 변화가 있었지만, 한 가지 변하지 않는 사실이 있습니다. 모든 평가의 중심에는 문해력이 있다는 사실입니다. 학습 내용을 잘 익혔는지, 평가 문항을 잘 해석했는지, 문제에서 요구하는 내용을 잘 작성했는지 어느 하나 문해력에 기반하지 않은 것이 없습니다. 그렇다면 문해력은 구체적으로 어떻게 공부에 관여할까요?

**문해력은 아이가 학습 내용을 잘 배우도록 합니다.** 학습할 때는 텍스트의 의미와 문맥을 이해해야 합니다. 문해력이 높은 아이일수록 학습 이해도가 높아 정보를 정확하게 받아들이고, 이해한 내용을 서로 연결해 전체적인 구조를 파악합니다. 즉, 문해력은 새로운 정보를 이해하고 습득하는 데 핵심적인 학습 역량입니다.

**문해력은 아이가 평가 문항을 잘 해석하도록 합니다.** 어떤 평가든 문제의 지시 사항을 정확히 이해해야 올바른 답을 찾을 수 있습니다. 문해력이 부족한 아이는 지시 사항을 넘겨짚거나 오해하는 실수를 하기도 하고, 평가 문항의 의도를 전혀 이해하지 못하기도 합니다. 실제 교실에서는 수학 공식이나 원리를 잘 알고 있지만, 문장제 문제는 풀어내지 못하는 아이가 많습니다. 국어 논술형 평가에서도 문항에서 요구하는 바가 아닌 엉뚱한 이야기를 써놓는 아이도 있습니다.

**문해력은 아이의 표현력을 키웁니다.** 표현력은 최근 서술형·논술형 평가가 강조되면서 그 비중이 늘어가는 추세입니다. 아는 것을 글로 표현하는 과정은 단순히 이해하여 아는 과정보다 고차원적인 활동입니다. 알고 있는 단어와 사건을 관련지어 새로운 문장으로 표현해야 하기 때문입니다. 문해력이 높은 아이는 뛰어난 텍스트 활용 능력을 기반으로 좋은 문장을 구사하며 효과적으로 의사소통합니다. 반면 적절하게 표현하는 능력을 갖추지 못한 아이는, 지식이 있더라도 그 지식을 활용하지 못합니다.

## ▪ 문해력이 높은 아이는 스스로 공부할 수 있다 ▪

무언가를 스스로 하기 위해서는 어떤 조건이 필요할까요? 사람들이 자발적으로 즐기는 유튜브 시청이나 SNS를 떠올려 보겠습니다.

유튜브와 SNS의 공통점은 정보를 받아들이기 쉽다는 것입니다. 어느 정도 배경지식이 있거나 관심 있는 분야가 알고리즘화되어 추천 영상으로 제시되므로 정보의 접근이 쉽습니다. 게다가 재미도 있습니다. 이러한 조건을 공부에 적용한다면 **공부는 쉬워지고, 배경지식이 풍부해지고, 재미있게 느껴질 것입니다. 아이가 스스로 공부하는 자기주도학습이 가능해질 것입니다.** 문해력도 '쉽고, 배경지식을 풍부하게 하고, 재미를 느끼는 일'이라는 3가지 요소와 밀접한 관련이 있습니다.

**우선 문해력이 높은 아이는 비교적 공부를 어려워하지 않습니다.** 읽기 자료 형태로 제공되는 학습 자료를 읽고 이해할 수 있기 때문입니다. 이는 자기주도학습으로 이어집니다. 문해력이 높은 아이는 학교에서 배운 교과 내용을 스스로 이해하고 재구성합니다. 텍스트에 대한 부담감이 없어서 모르는 내용을 찾아 보충하기도 합니다.

문해력이 높은 아이는 배경지식이 풍부합니다. 문해력이 높으면 텍스트를 쉽게 이해하고 흥미를 느끼게 되므로 '읽기'를 즐기는 아이로 자랄 가능성이 높습니다. 게다가 배경지식이 누적되니 새로운 정보를 받아들이는 속도도 빠릅니다. 예를 들어, 서희와 강감찬이라는 인물을 이미 알고 있는 아이에게 그들은 역사 이야기 속 주인공이지만, 그렇지 않은 아이에게는 사회 6학년 2학기 역사 단원, 고려 시대, 거란의 침입과 극복 과정 중 암기해야 하는 인물들로 남을 뿐입니다. 지식이 풍부한 학생이 자기주도학습에 유리할 수밖에 없습니다.

문해력이 높은 아이는 공부가 재미있습니다. 처음에 어려웠던 내용이 공부할수록 이해가 잘되고 알아가는 맛이 느껴지니 얼마나 재미있겠습니까. 공부에 대한 흥미는 자발적이고 지속적인 학습을 위한 강력한 동기가 됩니다. 아이는 새로운 것을 알아가는 과정 자체를 즐겁게 느끼며, 자신의 지적 호기심을 채우기 위해 적극적으로 학습에 참여합니다. 한마디로 공부가 재미있어서 스스로 공부하게 되는 것입니다.

### ▪ 공부를 잘하는 문해력 높이기 ▪

모래로 집을 만들고 친구들이 밀어주는 뺑뺑이를 타던 시절, 엉덩방아를 쾅 찧는 고통을 감수하며 시소를 즐기던 시절은 다시 돌아오지 않을 듯합니다. 요즘은 방과 후에 놀이터에서 노는 아이들이 없습니다. 학교가 끝나면 학원에 가기 바쁘기 때문입니다.

통계청에서 실시한 〈2022년 초중고 사교육비 조사 결과〉에 따르면 '일반 교과 관련 사교육 목적'은 학교 수업 보충(50.0%), 선행학습(24.1%), 진학 준비(14.2%)라고 합니다. 이는 일반 교과 관련 학원에 간 아이들의 90%가 학습을 위해 노력한다는 뜻입니다. 그러나 아이러니하게도 교육과정은 더 쉬워지고 아이들은 더 많이 공부하는데, 학습 효율은 낮아지고 있습니다.

**이런 문제를 타개할 방법은 기본에 있습니다. 공부 문해력을 높이기 위한 기본은 '교과서 활용'입니다.** 교과서를 읽기 대상으로 삼아 독서하고, 교과서에 제시된 쓰기 활동을 하는 것이 공부 잘하는 아이로 만드는 지름길입니다.

저학년에게는 교과서를 반복적으로 읽어 스스로 이해하는 과정을 경험하게 하고, 고학년에게는 교과서를 읽으며 중심 내용에 밑줄을 치거나 읽은 내용을 구조화하여 정리하게 하는 것이 적절합니다. 아이의 성향에 맞게 예습 혹은 복습 단계에서 교과서 내용이나 수록 도서를 읽혀도 좋습니다. 특히 사회와 과학은 학년이 올라갈수록 학습 내용이 어려워지므로, 교과와 연계된 책을 제공해주어야 합니다. 관련 도서를 읽으며 배경지식을 쌓은 아이는 교과서를 잘 이해하고 학습할 수 있습니다.

저학년 아이에게는 "요즘 여름에 대해 배우는 데 궁금한 점은 없니?" 하고 직접 물어봐도 잘 대답해 줍니다. 그러나 고학년이라면 수업 시간에 배우는 내용과 관련된 책을 아이의 주변이나 책장에 슬며시 꽂아 놓으시길 추천합니다. 수업 시간에 배우고 있는 내용이라 어느 정도 호기심이 있는 상태이므로 책을 꺼내 읽기 쉽습니다.

**물론 문해력이 높은 아이라고 해서 공부를 잘한다는 보장은 없습니다.** 문해력이 이해력을 높여주므로 학습에 긍정적인 영향을 줄수는 있지만, 아이의 성격, 학습 스타일, 관심사 등에 따라 학업 성취에 큰 영향을 주지 않기도 합니다. 학습에는 그 이상의 노력이나다른 전략이 더해져야 합니다. 하지만 문해력과 학습의 메커니즘에는 유사한 부분이 많은 게 사실입니다. 초등학생 때 자리 잡은 아이의 문해력은 공부 잘하는 아이를 만드는 기본기가 됩니다.

문해력이 학습의 중심이 되는 주된 까닭은, 문해력이 자기주도학습 습관을 들여주기 때문입니다. 문해력이 높은 아이는 학습 내용을 바르게 이해하고 이를 재구성합니다. 나아가 모르는 정보를 스스로 탐색하고 지식을 보충합니다. 새로운 것을 알아가는 과정이쉽고 재미있어진 아이는 꾸준하게 학습을 이어나가게 됩니다.

아이의 문해력을 높이는 공부 방법인 교과서 및 학습 내용과 관련된 책을 읽음으로써 지혜롭고 공부도 잘하는 아이로 자라나길 바랍니다.

# 아이들 간
# 문해력 격차가 커지고 있다

　교실에서는 실시간으로 문해력 격차가 벌어지는 순간을 마주합니다. 6학년 도덕 시간, 아이들이 단원 마무리 활동으로 제시된 보드게임을 하고 있을 때였습니다. 학습 내용을 복습하고 구조화하는 시간입니다. 그런데 보드게임에 제대로 참여하지 못하는 아이가 보입니다. 다가가서 물으니, 한 칸에 등장하는 '양로원'의 뜻을 모르겠다고 했습니다. 이렇게 문맥을 살펴 의미를 짐작하지 못하는 아이들은 게임 자체를 어렵게 느낍니다. 학습 내용 정리는 고사하고 문장 덩어리에만 매여 있는 꼴입니다.

　문해력이 높은 아이에게는 학습이 일어나는 시간이고, 문해력이 낮은 아이는 학습이 멈춰 있는 시간입니다.

　■ 우리 아이의 문해력은 어느 정도일까 ■

OECD에서 실시하는 국제학업성취도평가의 2018년 읽기 성취도 평균 점수는 2006년 이후 지속적으로 하락했습니다. 특히 읽기 영역에서 성취 수준이 낮은 하위 학생들의 비중이 증가했습니다. 교과서를 이해할 수 없을 정도로 낮은 문해력을 보여주는 2수준 미만 학생은 2006년 18.2%에서 2018년 34.7%로, 기초학력 미달에 해당하는 1수준 이하 학생은 2006년 5.7%에서 2018년 15.1%로 급증한 것입니다. 주목할 부분은 상위 5%(평균 점수 669)와 하위 5%(평균 점수 329)의 상·하위 격차가 증가한 점입니다.

아이들 간의 문해력 격차가 우려되는 지금, 우리 아이의 문해력은 어느 정도인지 궁금한 독자가 많을 것입니다. 아이의 문해력을 짐작하는 간단한 방법을 알려드리겠습니다.

**첫 번째는 아이에게 교과서를 읽어보게 하는 것입니다.** 저학년이라면 교과서를 정확하게 발음하고 알맞은 속도로 읽고 있는지 살펴보고, 중학년부터는 긴 문장을 의미 중심으로 끊어 읽기를 하며 글을 유창하게 소리 내어 읽는지 살펴보세요.

💬💬💬 **해보기** | 소리 내어 교과서 읽기

나는 우리나라가 세계에서 가장 아름다운 나라가 되기를
원한다. 가장 부강한 나라가 되기를 원하는 것은 아니다.
내가 남의 침략에 가슴이 아팠으니, 내 나라가 남을
침략하는 것은 원치 아니한다. 우리의 부는 우리 생활을

풍족히 할 만하고, 우리의 힘은 남의 침략을 막을 만하면
족하다. 오직 한없이 가지고 싶은 것은 높은 문화의 힘이다.

김구, 《내가 원하는 우리나라》 중에서[5]

### 의미 중심 끊어 읽기가 되는 경우

나는 / 우리나라가 / 세계에서 가장 아름다운 나라가 되기를 원한다. / 가장 부강한
나라가 되기를 원하는 것은 아니다. / 내가 / 남의 침략에 / 가슴이 아팠으니, / 내 나라가
/ 남을 침략하는 것은 / 원치 아니한다.

### 의미 중심 끊어 읽기가 어려운 경우

가장 부―강 (모르는 단어는 버벅거리며 천천히 읽음) / 한 나라 / 가 되기를 원하는
것은 / 아니다. / 내가 / 남의 /침―략 / 에 가슴이 아팠 / 으니, (단어나 호흡 단위로 짧게
끊어 읽음) / 내 / 나라가 / 남을 침-략하 / 는 / 것은 / 원-치 / 아니 / 한다.

**두 번째는 교과서의 기본 글쓰기 활동을 해보는 것입니다.** 국어
교과서에는 지문마다 읽은 글의 내용을 올바르게 이해했는지를 확
인하는 문제가 제시됩니다. 이러한 문제는 글의 핵심 내용과 세부
내용을 잘 파악하고 있는지를 알게 해줍니다. 아이가 문제를 제대
로 푼다면 해당 학년의 수준에 걸맞은 문해력을 갖추었다고 판단할
수 있습니다.

이 외에도 다양한 평가 도구와 방법을 사용하여 아이의 문해력을
점검할 수 있습니다.

### 1. EBS 〈당신의 문해력〉 문해력 테스트

문해력을 종합적으로 확인할 수 있는 검사입니다. 초등학교 3학년, 4학년,
5학년, 6학년, 중학교 1학년용이 있습니다. 테스트 결과에 따라 문해력 수준과
추천 ERI 지수를 제공하며 EBS 초등 누리집에서 검사할 수 있습니다.

### 2. 한글 또박또박

초등학교 1학년 2학기 초에 담임 교사가 국어 시간에 실시하는 문해력 진단
도구입니다. 한국교육과정평가원 누리집에서 검사할 수 있습니다.

### 3. 오단서 분석

독자가 텍스트를 소리 내어 읽을 때 발생하는 오단서를 수집하는 방법입니다.
글을 읽을 때 독자가 떠올리는 생각을 추론하는 읽기 연구의 방법으로
개발되었으며, 굿맨(Y. Goodman)에 의해 독자의 읽기 수준을 가늠하고
읽기에서의 장단점을 파악하는 질적 평가 방법으로 발전되었습니다.

### 4. 발음중심 어학교수법 측정 검사(phonics screening check)

영국에서 아이들의 문해력 수준을 진단하기 위해 사용하는 검사입니다.
초등학교 1학년을 대상으로 하며, 교사 한 명이 학생들에게 40개의 단어를
소리 내어 읽게 한 후 문해력을 평가합니다.

## ▪ 문해력 마태효과 ▪

성경의 마태복음에는 "무릇 있는 자는 받아 풍족하게 되고 없는
자는 그 있는 것까지 빼앗기리라."라는 말이 있습니다. 가진 자와

가지지 못한 자의 간극이 점점 벌어지는 현상을 함축적으로 나타낸 말입니다. 초기에 성공한 개인이나 그룹은 이점을 얻어 더 큰 성공을 이루며, 이에 따라 성공에 대한 기회와 자원이 더욱 집중되는 경향이 있습니다. 반면 초기에 실패한 개인이나 그룹은 이점을 잃고, 성공에 대한 기회와 자원이 상대적으로 제한되는 경향이 있습니다. **인지심리학자 키스 스타노비치** Keith Stanovich **는 읽고 쓰는 능력을 습득하는 데도 이 '마태효과'가 적용된다고 주장했습니다.**

마태효과는 읽기 발달 관련 연구에서도 드러납니다. 여러 연구에 따르면 초등학교 1, 2학년일 때 읽기 학습에 곤란을 느끼면 평생 읽기 학습에 곤란을 겪을 확률이 높다고 합니다. 초등학교 학생들의 읽기 능력과 독해력의 발달에 관한 연구에서는 초등학교 1학년을 시작할 때 읽기 능력이 뒤처진 아동이 1학년이 끝날 때까지 뒤처질 확률은 88%이며, 3학년이 끝날 때 읽기 능력이 뒤처진 아동이 9학년이 끝날 때까지 뒤처질 확률은 74%라고 밝혔습니다.[6]

똑같이 수업을 들어도 문해력 격차가 더 심화하는 이유는 단순합니다. 학교에서 매일 10의 지식을 아이에게 전달한다고 가정해 보겠습니다. 문해력이 높은 아이는 7을 이해하고, 문해력이 낮은 아이는 4를 이해합니다. 이해한 것을 바탕으로 지식을 재구성하는 과정에서 문해력이 높은 아이는 지식을 보충하여 11만큼 배우기도 하고 5 정도를 기억하기도 합니다. 반면 문해력이 낮은 아이는 4 정도를 구조화하거나 제대로 구조화하지 못해 2만 기억할 수도 있습니다. 다음 날 수업 시간, 문해력이 높은 아이는 전날의 기억을 복기하며 연관 지어 학습하기 때문에 8을 이해합니다. 하지만 문해력이 낮은 아이는 전날의 결손이 누적되면서 오늘의 내용을 더 이해하지 못해 3만 이해합니다.

| | 1차시 학습 | 지식 재구성 | 2차시 학습 | 지식 재구성 | 3차시 학습 | ... |
|---|---|---|---|---|---|---|
| 문해력이 높은 아이 | 7 이해 | O > 11 이해<br>△ > 5 이해 | 8 이해 | O > 12 이해<br>△ > 6 이해 | 8 이해 | ... |
| 문해력이 낮은 아이 | 4 이해 | O > 4 이해<br>△ > 2 이해 | 3 이해 | O > 3 이해<br>△ > 1 이해 | 2 이해 | ... |

이러한 날이 한 달이 되고, 1년이 되고, 6년이 되면 그 격차는 엄청나게 벌어집니다. 여기에 학년이 올라가 더 복잡한 글을 접하면 문해력이 낮은 아이들은 문해 활동 기회를 상실하며 의욕 저하를 겪습니다. 이 아이들은 '나는 원래 책을 싫어해.', '나는 머리가 나빠서 공부를 못해.'라고 생각하며 점점 텍스트와 멀어지는 악순환에 빠집니다.

### ▪ 문해력 격차는 아이의 탓이 아니다 ▪

초기 문해력이 충분히 발달하지 못한 채 입학한 아이들은 시간이 지날수록 마태효과의 희생자가 될 가능성이 큽니다. 교육자들도 가르칠수록 문해력 격차가 벌어지는 마음 아픈 상황에 깊이 공감하고 있습니다. 그래서 교육부는 문해력 및 기초학력 격차를 해소하기 위해 국어과 교육과정을 개선해 기존 초등학교 1~2학년 국어 448 시간에 한글 해득 및 익힘 시간 34시간을 증배하고, 문해력 전담 교사 확충 및 학급 내 교과 보충 등의 보완책을 마련했습니다.

| | 현행 | | 개선안 |
|---|---|---|---|
| 시간 배당 확대 | 초등학교 1~2학년 국어 448시간 | ▶ | 초등학교 1~2학년 국어 482시간 ※한글 해득 및 익힘 시간 34시간 증배 |
| 선택 과목 신설 | 국어과 영역별 과목 구성<br><br>화법과 작문, 독서, 문학 등 ※ 영역별 분절적 과목 구성 | ▶ | 통합적 국어 활동 및 매체 교육을 위한 선택과목 신설<br><br>독서와 작문, 문학과 영상, 매체 의사소통 등 ※통합적 국어 활동 확대 및 매체 관련 교육 강화 |

*출처: 〈언어 기초 및 문해력 함양을 위한 2022 개정 국어과교육과정 개선안〉

　학교에서 제공하는 보충 지도를 시키기도, 아이 수준에 맞는 사교육 기관에도 보내기 싫다면 집에서라도 가르쳐 주시길 바랍니다. '우리 아이는 공부 못해도 돼. 밝고 인성이 바른 아이로 자라면 만족해.'라고 생각하는 부모님이 계신다면, 알아듣지도 못하는 수업을 듣고 있어야 하는 아이가 얼마나 힘들지, 친구들은 잘 해결하는 문제를 이해하지 못해 눈치만 보는 심정이 어떨지 헤아려 보시기 바랍니다. 수업 시간마다 자존감이 무너지는 아이에게 밝게 자라라고 하는 것은 부모의 욕심입니다.

　빈곤이 가지지 못한 자만의 책임이 아니듯이, 부족한 문해력도

**아이만의 책임이 아닙니다.** 문해력은 교육, 가정 환경, 사회적 지원, 경제적 기회 등 다양한 요인들의 상호 작용으로 형성됩니다. 아이의 노력만으로는 완전히 극복하기 어렵다는 뜻입니다.

문해력 분야를 꾸준히 연구하며 많은 성과를 보인 전 청주교대 엄훈 교수는 "문해력 환경이 갖춰지지 않으면 발아 조건이 되지 않아 식물의 싹이 돋지 않는 것처럼 아이들에게 기초적인 읽기 능력인 발생적 문해력도 아예 자라지 않을 수 있다."라고 말했습니다. 결국, 아이의 문해력에는 가정, 학교, 사회가 함께 관심을 두고 대처해 나가야 합니다. 국가와 교육기관은 문해력 저하의 심각성을 인식하고 제도적 보완 장치를 마련하고, 특히 균등한 교육 기회를 받지 못하는 아이들을 위한 프로그램을 강화해야 할 것입니다. 또 가정, 학교, 지역사회는 협력과 연대로 독서 문화를 활성화하면 좋겠습니다.

아동기에 성숙하지 못한 문해력은 청소년기 문해력 발달 격차로 이어집니다. 문해력이 낮은 아이들은 텍스트를 이해하지 못해 텍스트를 멀리하게 되고 결국 더 텍스트를 이해하지 못하게 되는 악순환에 빠지게 됩니다. 초등 시기에 문해력 기르기를 놓친다면 너무 먼 길을 돌아가야 할 수 있습니다. 다음 장에서는 아이의 문해력을 높일 수 있는 구체적인 방법을 살펴보도록 하겠습니다.

# 노력하는 자가
# 문해력을 얻는다

　그간 우리나라에서는 노력해서 문해력을 얻는다는 논의가 부족했습니다. 배우기 쉬운 한글을 사용하고 문맹률이 매우 낮기 때문일 것입니다. 그러나 누구나 쉽게 읽고 쓸 수 있는 문자를 쓴다고 해서 쉽게 문해력을 얻는 건 아닙니다. 운동을 잘하고 싶으면 신체 근육을 단련하듯이, 문해력도 문해력 근육을 열심히 단련해야 얻을 수 있습니다. 그중 초등 시기는 문해력 근육을 다져나가는 중요한 시기입니다. 초등학교 때 문해력을 발달시켜야 하는 이유와 그 방법에 대해 살펴보겠습니다.

　■ 초등 시기는 문해력을 키우기에 중요한 시기다 ■

　오전에 과학 실험하고 목공 용품 만들고, 오후에 조소 강의 듣고 배구하고…. 저의 대학 시절 모습입니다. 교육대학교는 특성상 예체능을 포함한 전 과목 강의를 두루두루 듣습니다. 그중 '기본 피아노 반주법' 수업 때의 일입니다. 저는 오랜 시간 피아노를 배워서 수업이 어렵지 않았습니다. 그래서 도움의 손길이 절실해 보이는 몇몇 동기에게 반주법을 알려주었습니다. 그런데 이게 무슨 일인지! 동기들은 방금 저에게 오른손 반주법을 배우고 이어서 왼손 반주법을 배워놓고 함께는 치지 못했습니다. 양손으로 동시에 건반을 치는 순간, 버벅거리며 초기화되어 버리는 듯했습니다.

저와 동기들의 차이라면 바로 '시기'입니다. 저는 어릴 때 피아노를 배웠고, 동기들은 성인이 되어 처음 접했습니다. 무엇이든 어릴 때 시작하면 비교적 자연스럽고 쉽게 배우지만, 성인이 되어 시작하면 어렵습니다.

아이는 학습 능력이 뛰어나고 빠른 흡수력을 가지고 있습니다. 학년이 올라갈수록, 나이가 들수록 언어 및 운동 능력이 성숙하면서 무언가를 배울 때 많은 시간과 노력이 필요합니다. 여기에 배움을 위한 열정과 반복적으로 꾸준히 연습하는 지구력도 필요합니다.

**문해력도 마찬가지입니다. 언제든지 발달시킬 수는 있지만, 시기가 늦을수록 더 많은 시간과 노력, 열정이 필요합니다. 그러므로 아이의 문해력에 관한 관심의 시작은 이를수록 좋습니다.** 엄마 배 속의 태아는 6개월 무렵이 되면 달팽이관이 완성되면서 엄마의 목소리와 바깥소리를 들을 수 있습니다. 또 태어나서 48개월 정도가 되면 뇌의 언어 처리 기관인 베르니케 영역과 브로카 영역이 발달하기 시작합니다. 베르니케 영역은 말을 듣고 이해하는 '입력'을 담당하고, 브로카 영역은 말하기와 글쓰기 같은 '출력'을 담당합니다. 이때부터는 아이의 경험이 고스란히 문해력으로 이어집니다. 문해력은 무려 태아 때부터 긴 시간 차곡차곡 쌓이는 것으로 볼 수 있습니다.

**아이의 몸과 마음이 폭발적으로 자라는 초등 시기는 문해력을 키우기에도 매우 중요한 시기입니다.** 이 시기에는 '생각하는 뇌'라고 불리는 전두엽, 그중에서도 전전두엽이 활발하게 성장하는 때입니다. 전전두엽이 발달하면 글과 어휘에 대한 이해 및 표현이 다양하게 확장됩니다. 또한, 피아제Piaget, Jean의 발달심리학에 따르면 초등 시기는 체계적이고 논리적인 사고가 발달하는 때입니다. 아이의 발달 특성이 문해력을 키우기에 매우 적합한 것입니다. 특히 많은 전문가가 초등학교 2학년 때까지는 문해력의 기본기를 갖추라고 강조합니다. 3학년부터는 학습량이 늘어나고 텍스트의 난이도가 높아지면서 문해력이 곧 성적으로 이어지기 때문입니다.

### ▪ 우리 아이 문해력, 이미 늦은 걸까? ▪

마태효과니, 문해력의 골든타임이니, 초등학교 2학년 때까지 문해력의 기본기를 탄탄하게 다져야 한다느니, 세상에는 겁을 주는 표현이 너무 많습니다. 실제로 3학년 이상의 자녀를 둔 부모들은 아이의 교과 평가 결과를 보고 처음으로 '우리 아이가 잘 못 따라가는 걸까?'라는 고민을 하게 됩니다. 그러나 겁을 주는 표현들에 휘둘릴 필요는 없습니다. 아동학에서 결정적 시기라는 말이 사라지는 추세이고, 무언가를 결정짓는 시기도 없기 때문입니다. 문해력 발달에 관한 관심도 어릴 때부터 두면 좋다고 하지만, **아이가 가장 어린 날은 오늘입니다. 지금부터 하면 됩니다.**

다산 정약용은 '한번 보면 외우는 아이들은 그 뜻을 음미할 줄 모르니 금세 잊고, 제목만 주면 글을 지어내는 사람은 똑똑하지만 경박하고 들뜨는 문제가 있고, 한마디만 던져주면 금세 말귀를 알아듣는 사람들은 곱씹지 않으므로 깊이가 없다'라고 하며, "너처럼 둔한 아이가 노력하면 얼마나 대단하겠느냐."라는 말로 용기를 주는 스승이었다고 합니다. 그러니 아이들은 희망을 품고 꾸준히 배움에 매진하면 됩니다. 문해력은 학교 공부를 위해서만이 아니라, 인생 전반에 걸쳐 필요한 능력이니까요.

**부모는 내 아이의 문해력이 뒤처진다고 해서 포기하지 않으셨으면 합니다. 그리고 아이의 문해력 발달을 응원하기 위해서는 아이를 존중하는 태도가 기본입니다.** 아이에게 특정한 모습을 기대하면 더 조급해지기 마련입니다. 어떤 아이로 자라주기를 바라는 틀을 갖고 "다 네가 잘되라고 하는 소리야~"라고 말하지는 않았는지 떠올려 보시길 바랍니다. 부모가 원하는 모습이 아니라 아이의 진짜 모습을 정확히 알고 인정해야 제대로 된 교육을 할 수 있습니다. 아이를 객관적으로 보고, 미성숙에서 비롯한 부족함을 존중해 주셨으면 합니다.

언어를 본격적으로 접하게 되는 아동기가 지났다고 해도 좌절하지 마세요. '우리 아이 문해력, 이미 늦은 걸까?'에 대한 명쾌한 조언으로 문해력 전문가인 조병영 교수의 말을 빌려 마무리하겠습니다. "문해력은 후천적으로 발달하는 능력이며 가지고 태어나는 능력이 아니다. 어렸을 때 제 나이에 맞게 문해력을 발달시키는 것이 중요하지만, 어떤 요인으로 인해 뒤처졌다고 해서 격차를 극복하는 것이 불가능한 것은 아니다. 문해력을 개발할 기회들이 적절하게 제공되면 누구나 언제든지 따라갈 수 있고 만회할 수 있다. 문해력은 평생 배워야 하는 것이며, 나 또한 지금도 배우고 있다."

### ■ 문해력을 얻는 3가지 비밀: 어휘력, 독서, 글쓰기 ■

문해력은 꾸준히 노력하면 성장과 발전이 보장되는 능력입니다. 기초 문해력은 일상생활에서 자연스럽게 길러지고, 뛰어난 수준의 고차원적인 문해력은 노력과 반복, 실천을 통해 길러집니다. 물론 문해력을 기르는 과정이 쉽지는 않습니다. 아이가 지루하고 힘들어할 수도 있습니다. 따라서 그 과정은 간편하면서도 쉽고 꾸준히 할 수 있어야 합니다. 아이가 일상에서 자연스럽게 접할 수 있고 부담을 갖지 않는 활동이면 좋습니다. 이러한 특성을 가진 문해력을 얻는 3가지 비밀을 소개합니다.

문해력을 얻는 첫 번째 비밀은 '어휘력 키우기'입니다. 어휘력은 문해력의 튼튼한 토대가 되는 능력입니다. 아이는 말과 글을 접할 때 단어의 의미를 바탕으로 추론하게 됩니다. 어휘가 풍부하면 내용을 이해하고 텍스트의 전반적인 의미를 파악하는 데 무리가 없습니다. 그러나 어휘가 부족하면 텍스트 이해에 어려움을 겪습니다. 읽다가 모르는 어휘가 나와 흐름이 탁 끊기고 이해가 안 되는 경험을 다들 해 보셨을 것입니다.

**문해력을 얻는 두 번째 비밀은 '독서'입니다.** 읽기는 독해력, 문체, 어휘, 문법, 철자법을 발달시킬 수 있는 확실한 방법입니다. 이 중 독서는 책과 인쇄물에 접근하여 읽는 행위를 배울 수 있게 하며, 초기 문해력 발달에 중요한 역할을 합니다.

문해력은 단순히 정보를 수용하는 데에 그치는 것이 아니라 능동적으로 질문하고 생각하는 과정에서 효과적으로 발달합니다. 독서를 통해 새로운 경험과 지식을 얻고 사고하는 과정을 겪으면 문해력을 키울 수 있습니다.

**문해력을 얻는 세 번째 비밀은 '글쓰기'입니다.** 어휘력을 키우는 일과 독서가 입력에 해당한다면, 글쓰기는 출력에 해당합니다. 문해력은 글과 말을 매개로 하는 의사소통이므로 표현 역시 매우 중요한 활동입니다. 그중 쓰기는 자기 생각을 표현하고 의사소통하는 동시에 읽기의 효과를 극대화하기 좋은 방법입니다. 글을 직접 쓰면 글의 구조를 알 수 있고, 구조가 눈에 보이기 시작하면 접한 정보를 훨씬 쉽게 이해할 수 있습니다. 즉, 쓰기는 문해력의 선순환을 일으키는 핵심 활동입니다.

문해력은 지속해서 노력하면 얼마든지 발달시킬 수 있는 능력입니다. 아이를 존중하는 분위기 속에서 아이의 문해력을 발달시키도록 해야 합니다. 고차원적인 문해력은 노력과 반복, 실천을 통해 길러집니다. 문해력을 발달시키기 위한 3가지 비밀인 어휘력, 독서, 쓰기를 통해 아이의 문해력을 발달시켜 나가길 바랍니다. 뒤에 이어지는 2장에서는 어휘력, 3장에서는 독서, 4장에서는 글쓰기에 대해 자세히 살펴보겠습니다.

# 2장

# 어휘 -
# 문해력의 기초

# 어휘는
# 세상을 보는 눈이다

'개편하다'가 개 편한 게 되고 '존귀하다'가 존나 귀엽다가 되어
버린 요즘입니다. 인터넷 카페에 올라온 사과문에서 '심심한 사과'
라는 표현이 SNS를 통해 확산하며 논란이 된 적이 있습니다. '심심
하다'를 '지루하다'로 알아듣고 조롱의 표현이라 생각한 일부 누리
꾼들 때문입니다. 어휘의 뜻을 몰라 발생하는 의사소통의 오류로
많은 사람이 문해력 저하 현상에 대한 우려를 표했습니다.

이처럼 어휘력이 부족하면 문장의 의미를 제대로 파악하지 못하
고, 의미를 달리 해석해 오해하게 됩니다.

■ **어휘는 맥락과 상황 파악이 중요하다** ■

부모들은 아이가 초등학교에 입학하고 학년이 올라가면 어려운
단어를 척척 쓸 수 있을 것으로 생각합니다. 하지만 그 기대를 충족

시켜 주는 아이는 드뭅니다. 부모는 당연히 알 거라고 생각하는 수준의 단어도 알아듣지 못하는 아이를 마주하며 걱정만 늘어갑니다. 2022년 지학사에서 초등학생 자녀를 둔 학부모를 대상으로 한 설문 조사에 따르면 '평소 자녀의 어휘력은 어느 정도라고 생각하십니까?'라는 질문에 45.3%와 11.3%가 '매우 부족하다'와 '부족한 편이다'라고 답했습니다. **학부모 대부분이 아이의 어휘력 걱정을 걱정하는 것입니다.**

아이의 어휘력을 키우기 위해 고전적인 그림 카드 암기부터 그림책 읽어주기, 문제집 풀이, 전자펜 사용까지 부모가 해온 방법은 다양합니다. 이렇게까지 노력했는데도 아이의 어휘력이 부족하다니 낙담하실 만도 합니다. 결론부터 말하면 이 방법들은 죄가 없습니다. 좋은 도구들이지만 풍부하게 활용하는 게 쉽지 않을 뿐입니다. 문제집 풀이를 생각해 봅시다. 제아무리 다양한 맥락 속 어휘를 제시한 문제집이라도, 아이들이 문제집에서 의도하는 생각 과정을 거쳐서 문제를 풀까요? 글쎄요. 빨리 푼 뒤 놀고 싶던 우리의 어린 시절만 떠올려도 금방 답이 나옵니다.

**효과적인 어휘 학습은 맥락과 상황 속에서 이루어질 때 가능합니다.** 왜 어휘 학습 시 맥락과 상황을 강조하는지는 '단어'와 '어휘'의 차이를 통해 알 수 있습니다.

단어는 가장 기본적인 의미의 단위로, 문맥과 상황에 따라 다양한 역할을 합니다. 그리고 어휘는 언어에서 사용되는 모든 단어와 표현의 집합이며 단어뿐만 아니라 구, 문법 규칙, 관용구 등 다양한 언어적 요소를 포함합니다. 어휘를 이해하고 상황에 맞게 활용하는 능력을 더하면 어휘력이 됩니다. 예를 들면, 추억과 기억의 사전적 의미를 아는 것(단어를 잘 아는 것)과 문장에 어떤 단어를 썼을 때 더 감동이 느껴지는지를 아는 것(어휘력이 높은 것)은 다릅니다.

| 단어를 잘 아는 것 |
| --- |
| 추억: 지나간 일을 돌이켜 생각함.<br>기억: 이전의 인상이나 경험을 의식 속에 간직하거나 도로 생각해 냄. |
| **어휘력이 높은 것** |
| 엄마와 다녀온 여행이 제게 좋은 ((추억)/ 기억 )이 되었어요. |

**어휘력이 우수한 아이는 어휘를 선택할 때 맥락을 고려한 최적의 단어를 선택합니다.** 맥락과 상황 속에서 어휘를 배우는 것이 가장 효과적인 이유입니다.

■ *어휘력과 문해력 1 – 독해 능력* ■

**어휘력은 문해력의 기본입니다.** 어휘력에 배경지식 등 좀 더 광범위한 영역이 포함되면 문해력이 됩니다.

어휘력이 높으면 문장의 의미를 알맞게 파악할 수 있습니다. 문장 속 다양한 어휘를 이해하고 그들 사이의 관계를 파악할 수 있으며, 문장 속 단어와 단어 간의 상호 작용을 이해하여 누락된 정보를 추론할 수도 있습니다. 독해 능력은 이렇게 문장의 의미를 보완하고 필요한 정보를 유추하며 향상됩니다. 이런 아이는 어려운 텍스트를 만나도 능숙하게 이해할 수 있습니다.

책을 좋아하는 학생들을 모아 방과 후 독서 클럽을 운영한 적이 있습니다. 그달의 책은 한국사 책이었는데, 용선생이 제자들을 데리고 다니며 한국사 이야기를 들려주는 내용이었습니다.[7] 평소 책도 즐겨 읽고 문해력도 우수한 편이라고 생각했던 미정이도 적극적으로 독서 클럽에 참여했습니다. 하지만 미정이의 독서 활동은 친구들과 사뭇 달랐습니다. 매번 재미를 위해 잠깐 다루어지는 용선생과 학생들의 사담만 곱씹었습니다. 알고 보니 미정이는 한국사 관련 어휘가 부족한 상태였습니다.

미정이는 왜 역사적 흐름을 이해하지 못하고 용선생의 일상적인 대화에만 관심을 보였을까요? **어휘력이 없으면 문해력도 존재할 수 없기 때문입니다.** 어휘는 문장을 이해하고 해석하는 기반이 됩니다. 이러한 현상은 독해를 통해 이루어지는 경우가 많은 학업 과정에서 두드러집니다. 어휘력이 부족한 아이들은 책을 읽고 공부를 하더라도 딱 자신이 아는 어휘 수준만큼만 이해할 수 있습니다.

만약 6학년 교실에 3학년 수준의 어휘력을 가진 아이가 앉아있다면, 그 아이는 열심히 수업을 듣고 학원에 다녀도 3학년 어휘 수준 그 이상을 이해하기는 어렵습니다. 이런 아이는 눈으로는 교과서를 보고 귀로는 선생님의 설명을 듣지만, 학습 내용을 머릿속에 담지 못합니다. 그러다 보면 학습 내용 흥미를 잃고 집중도가 급격히 떨어집니다. 새로운 것을 봐도 연결할 수 있는 기존의 어휘가 부족하니, 학습 내용을 이해하는 작업에 한계가 생깁니다.

■ *어휘력과 문해력 2 – 표현 능력* ■

**어휘력이 높은 사람은 감정을 풍부하게 표현하고, 정확하게 의사소통할 수 있습니다.** 다양한 어휘를 알고 있으므로 특정한 의미를 전달하거나 감정을 표현하기 위한 단어를 선택해 효과적으로 표현할 수 있습니다. 사람은 자신의 어휘 수준을 기반으로 타인과 소통합니다. 어휘를 만 개 쓰는 아이와 천 개 쓰는 아이가 살아가는 세계의 크기는 다릅니다.

**어휘를 통해 이루어지는 표현은 인간의 사고와도 밀접한 관련이 있습니다.** 아마존강 유역에 사는 피라하 부족 Pirahã people 의 언어 체계는 어휘가 사고에 영향을 준다는 것을 증명하는 대표적인 사례입니다. 피라하 부족은 숫자와 셈을 모르며, 모든 수량을 '조금/약간'과 '많이'로 표현합니다. 수를 사용하는 어휘 자체가 매우 제한적인 그들에게는 하나, 둘 같은 기본적인 숫자도 이해할 수 없는 복잡한 개념입니다. 그러다 보니 다른 부족과 거래할 때 사기를 당하기도 합니다.

피라하 부족의 이야기를 통해, 어휘력이 부족한 아이가 고차원적인 의견을 내거나 수준 있는 글을 쓰는 게 얼마나 희박한 일인지를 깨닫습니다. 어떤 단어에 관해 아는 정보의 양이 많을수록 뇌가 활성화되고, 활용할 수 있는 의미의 수준도 높아집니다. 어휘력은 인간의 생각과 사고에 대한 문제이며, 앞으로 아이가 볼 세상의 크기와 관련된 사항입니다.

다양한 활동을 하고도 느낌을 '재밌었다'라고만 표현하는 아이가 많습니다. 재미있을 때 쓸 수 있는 다양한 어휘를 모르거나, 활용 경험이 극히 드물기 때문입니다. 이렇게 되면 경험을 통해 드는 수많은 감정이 '재미있다'라는 범주에 갇히게 됩니다. 피라하 부족의 '조금/약간', '많이'가 아이들의 '재밌었다'와 같은 셈입니다.

표현 방법의 대표적 도구인 말하기와 글쓰기가 어려워지는 것은 상대방과의 의사소통에서 어려움을 겪게 하는 요인입니다. 아이들의 경우, 친구와 이야기할 때마다 엉뚱한 대답으로 이야기의 흐름을 끊거나, 의사소통에 혼동을 주거나 오해가 생기기도 합니다.

아이들의 어휘력 부족이 점점 심각해지고 있다는 걸 느낍니다. 어법에 맞지 않는 신조어가 일상어로 대체되기도 하며, 요즘 세대는 '빈어증 세대'라는 오명을 받고 있습니다. 협소한 어휘 범위 내에서 단순하게 표현하는 것에 익숙해지면서, 아이의 세계가 점점 작아지고 있습니다. 어휘력이 주는 긍정적인 영향을 잃게 되면서 삶의 풍부함도 덩달아 사라집니다. 아이가 읽을 수 있는 책이나 세상을 보는 관점, 새로운 기회를 얻을 가능성은 아이의 어휘력에 달려 있습니다.

# 우리 아이의
# 어휘 아카이브를 살펴보자

초등학교에 입학할 때 아이가 이해하는 어휘의 수는 미래의 학교 성적을 예측하는 중요한 기준이자, 앞으로 배울 내용을 이해하게 해주는 든든한 지원군입니다. 아무래도 어휘력이 우수한 아이가 내용을 폭넓게 이해합니다.

이쯤 되면 부모들은 어휘력이 우수한 아이가 되는 비결이 궁금해지실 겁니다. 어휘력이 우수한 아이와 빈약한 아이의 차이는 어디에서 오는 걸까요?

### ▪ 어휘 습득 과정 ▪

저명한 교육심리학자 레프 비고츠키 Lev Semenovich Vygotsky는 언어 습득이 사회적 상호 작용과 문화적 맥락에서 발전한다는 것을 강조하며, '아동들은 다른 사람들과의 상호 작용과 대화를 통해 언어를 습득하고, 사회적 도움과 지도를 받으면서 언어적 기술을 발전시킨다'라고 주장했습니다.

저 또한 자라나는 아이들을 지켜보며 **사회적 상호 작용과 문화적 맥락이 어휘 습득에 핵심적인 역할을 한다**는 사실을 몸소 느낍니다. 아이는 가족과 함께 체험 활동을 하며 새로운 문물의 이름이나 느낀 감정을 표현하는 법을 배우고, 친구들과 모둠 활동을 하며 상황에 알맞은 어휘를 익힙니다. 다양한 주변 사람들과의 대화와 상호 작용을 통해 언어 지식과 표현 방법을 습득하기도 합니다.

아이마다 차이는 있겠지만 보통 어휘를 습득할 때는 다음과 같은 절차를 거칩니다. 첫째, 처음 접하는 어휘를 인식합니다. 단어의 형태, 발음, 철자 등을 인식하고 기억에 저장합니다. 둘째, 단어를 이해하기 위해 의미 파악을 합니다. 이때 문맥이나 상황을 통해 유추하기도 하고 사전을 찾기도 합니다. 셋째, 단어를 기억하고 저장합니다. 복습을 통한 반복 학습이나 이미지, 연상기억을 효과적으로 활용하기도 합니다. 넷째, 습득한 어휘를 실제로 적용하고 사용합니다. 독서, 글쓰기, 토론 등의 실제 상황에서 어휘를 자연스럽게 표현합니다. 다섯째, 어휘를 확장하고 연결합니다. 관련 단어를 함께 학습하고 사용함으로써 어휘의 범위를 넓힙니다. 이렇게 아이들은 다양한 문맥에서 단어를 접하고 사용하며 어휘를 습득합니다.

이때 관심 있는 주제와 연결하여 학습하는 방법은 아이의 흥미를 유발합니다. 예를 들어, 우주에 관심이 많은 아이와는 우주와 관련된 이야기와 시를 읽거나 과학관 등을 방문하면 좋습니다. 아이는 우주와 관련된 문학 작품에서 '넓고 광활한 우주'를 나타내는 다양한 표현을 익힐 것이며, 과학관에서 끝없는 우주의 모습을 직접 체험할 것입니다. 우주를 설명하는 어휘를 다양한 문맥에서 느끼고 배우게 됩니다. 아이는 그 과정에서 '넓다'와 '광활하다'가 비슷한 의미라는 걸 알게 되기도 하고, 유사하거나 반대되는 느낌의 단어를 함께 학습하기도 합니다.

### ▪ 어휘는 어디에서 오는가 ▪

아이가 태어나서 지금까지 가장 많은 경험을 공유하고 의사소통한 대상은 누구일까요? 바로 부모입니다. 즉, 아이가 사용하는 어휘는 부모에게서 알게 모르게 학습한 것입니다. 아이를 훌륭하게 키우고 싶고 윤택한 삶을 살게 하고 싶다면 아이와 다양한 어휘로 대화를 시작하셔야 합니다. 특히 저학년일수록 사용하는 어휘는 책이 아닌 부모의 말에서 비롯한 것입니다. 노출되는 어휘량이 많고 어휘의 질이 우수할수록 아이의 언어 경험이 풍부해집니다. 간혹 쉬운 유아어를 골라서 사용하는 부모가 있는데, 아이 수준보다 약간 어려운 어휘도 사용할 필요가 있습니다. 어려워한다면 쉬운 말로 풀어 덧붙여 주면 됩니다. 다양한 어휘가 담긴 대화를 많이 할수록 어휘가 누적되는 것은 당연합니다.

똑똑한 부모는 자신의 유전적, 환경적 특성에 따라 똑똑함이 형성될 수 있는 가정의 환경을 조성합니다. 물론 이 말은 부모 개개인의 지능 및 성공 DNA가 그대로 아이에게 유전된다는 말은 아닙니다. 그게 현실이라면 치맛바람이라는 말이 생길 일도 없을 것입니다. 중요한 건 가정 내 인지적 문화 조성입니다. 성공한 부모의 아이가 높은 어휘력과 문해력을 형성하는 이유는 부모가 의식적으로든 무의식적으로든 아이의 성장에 유익한 환경을 조성했기 때문입니다.

**다양하고 풍부한 대화를 하는 가정의 아이는 새로운 단어와 표현을 습득할 수 있는 환경에 자주 노출되기 마련입니다.** 생소한 어휘를 접하는 기회는 아이에게 지적 호기심과 배움의 가치를 전달합니다. 새로운 어휘를 접한 아이는 관련된 배경지식에 호기심을 갖게 될 것이고, 배움의 즐거움과 지식 탐구의 필요성을 느낄 것입니다. 다양한 어휘를 사용하는 가정에서 자란 아이는 장기적으로 언어 발달과 학습에 긍정적인 영향을 받습니다.

### ▪ 우리 아이의 어휘 아카이브 상태를 점검해 보자 ▪

**사용하는 어휘의 양과 다양성은 아이의 언어 능력과 발달 수준을 보여주는 잣대입니다.** 어휘력이 부족한 아이들은 의사소통, 학업 등에 어려움을 겪을 수 있으므로 어휘 수준을 파악한 뒤 필요한 부분을 지원해야 합니다. 아이를 살펴 감정을 표현하는 어휘가 부족한지, 역사적 어휘가 부족한지, 한자어 어휘가 부족한지 등을 파악해 보세요. 그리고 부족한 분야의 어휘 사용 빈도를 늘리고 관련 활동을 제공해 보세요. 현재의 어휘 수준을 파악하면 아이의 강점과 약점을 알게 되고, 개별적인 교육 방향을 수립할 수 있을 것입니다.

　다음은 우리 아이의 어휘 아카이브 수준을 파악하는 간단한 방법입니다. 1~2학년은 국어나 통합 교과서를, 3~6학년은 국어, 사회, 과학 교과서를 활용합니다. 우선, 교과서를 펼쳐서 한 단원을 주의 깊게 살펴봅니다. 그리고 단원에서 자주 등장하는 어휘를 찾아봅니다. 반복되는 어휘는 해당 단원에서 꼭 알아야 할 기본 어휘 혹은 핵심 어휘입니다. 5학년 과학 '태양계와 별' 단원을 살펴보겠습니다.

*출처: 동아출판 5-1 두클래스 스마트 교과서

　소단원의 제목만 봐도 '태양계'와 '행성'이 반복됩니다. 부모는 아이에게 태양계와 행성의 뜻을 알고 있는지 물어봅니다. 설명하기 어려워하는 아이에게는 "태양계라는 말은 어떨 때 사용하니?" 혹은 "'태양계에서 상대적으로 가장 크기가 큰 ○○은 목성'이라는 문장에서 ○○에 어떤 말이 들어가야 할까?"로 풀어서 제시할 수도 있습니다.

아이들 대부분은 어휘를 정확히 알기보다는 어떤 느낌인지 정도만 대략적으로 알고 있습니다. 뭔지는 알겠는데 말로는 설명하지 못하겠다는 아이가 그런 경우입니다. 연구에 따르면 어휘에 대한 아동의 주관적 인식도는 실제의 이해도와 상당한 차이가 있는 것으로 나타났습니다.[8] **정확한 아이의 어휘 아카이브를 알고 싶다면, 해당 단어와 관련된 개념을 구성할 수 있는지, 동의어 및 반의어 등을 쓸 수 있는지를 확인해 보아야 합니다.** '태양계' 자체의 의미를 아는 것을 넘어, '태양의 영향을 받는 행성'을 어휘 아카이브에 함께 구성해야 합니다. 해당 단원에서 함께 다뤄지는 행성과 별의 차이점을 아는 것도 어휘를 폭넓게 익히는 데 도움이 됩니다.

아이들은 사회적 상호 작용을 하며 다양한 어휘를 습득합니다. 아이와 가장 많은 시간을 보내는 부모의 말과 글은 아이의 어휘에 결정적인 역할을 합니다. 줄임말과 인터넷 용어의 홍수 속에 노출된 우리 아이들에게 부모의 역할은 한층 강력해졌습니다. 부모의 어휘는 아이의 어휘 아카이브에 차곡차곡 쌓이게 되고, 사용하는 어휘의 기준이 됩니다. 부모가 조성한 어휘의 땅 크기만큼 아이의 어휘력 나무가 자란다는 사실을 꼭 기억해 주세요.

# 모르는 어휘가 나올 때
# 대처 방법이 있다

어휘력이 뛰어나고 매우 우수한 언어 능력을 갖춘 사람도 세상의 모든 어휘를 알지는 못합니다. 다양한 언어와 어휘를 사용한 것으로 유명한 셰익스피어도 사전을 찾아가며 책을 썼고, 세계적인 물리학자인 아인슈타인도 어휘의 정확한 의미를 알기 위해 사전을 찾았습니다. 그러므로 한글을 배운 지 10년도 안 된 초등학생들이 모르는 어휘가 많은 건 당연한 일입니다. 모르는 어휘를 접했을 때 적절한 어휘 학습 방법들을 알고 있으면, 아이의 어휘력을 효과적으로 높일 수 있습니다.

■ 학년이 올라갈수록 모르는 어휘를 만난다 ■

학년이 올라갈수록 처음 접하는 영역의 단어와 세분화한 어휘가 등장합니다. 학습 내용은 복잡해지고 전문 용어와 특정 주제에 관련한 어휘가 증가합니다. 여기에 아이들은 다양한 사회적 경험이 많아지면서 모르는 어휘를 자주 맞닥뜨리게 됩니다. 학교에서 친구들과의 대화뿐 아니라 공식적인 발표, 토론을 위해 난이도 있는 어휘를 사용하게 되는 것입니다.

**저학년 시기에는 잘 드러나지 않던 어휘력 격차는 3학년 이후로 확연히 드러나기 시작합니다.** 3학년부터 모르는 어휘가 많아지는 데는 교과서도 한몫합니다. 국어, 수학, 통합교과 세 권뿐이었던 1~2학년을 지나면 사회, 과학 교과서 등이 추가되는 3학년이 됩니다. 모르는 어휘가 많아지며 이를 숙지하기 위한 부담이 커집니다. 특히 국토, 인권, 역사 등을 다루는 5학년 사회 과목에서는 새로운 어휘가 대폭 등장합니다. 아동의 언어발달에 비추어 볼 때, 어떤 학년의 교과가 어려운지 조사한 결과 5학년(23.8%), 3학년(21.3%), 6학년(21.1%), 4학년(19.2%), 1학년(12.3%), 2학년(2.3%) 순이었습니다.[9]

**낯선 어휘를 만났을 때는 바로바로 제대로 익혀야 합니다. 그렇지 않으면 모르는 어휘가 금세 산더미처럼 쌓이게 됩니다.** 지난번에 배운 어휘도 모르는 상태에서 관련된 새로운 어휘를 접하면 어휘 학습이 제대로 이루어질 리 없습니다. 모르는 어휘가 쌓인 상태에서 매일 새로운 어휘를 만나야 하는 아이를 상상해 보세요. 수업, 교과서 읽기, 문제 풀이 등 교실에서의 활동에 참여하기가 어렵습니다. 등장하는 어휘의 뜻을 모르니 제시되는 내용을 이해하지 못하고, 배움의 즐거움과 성취를 누릴 수 없을 것입니다.

모르는 어휘를 만나는 건 자연스러운 일입니다. **이를 회피하지 않고, 효과적으로 어휘를 학습할 방법을 알려주어야 합니다.** 어휘 학습법을 익힌 아이들은 활용할 수 있는 언어적 자원을 통해 단어를 습득하고 확장하며, 학습을 효율적으로 지속합니다. 새로운 단어를 발견하고 알아가는 과정은 아이의 문해력을 성장시키는 일이기도 합니다. 어휘 학습법을 아는 것은 자기 주도적 학습이 가능함을 의미합니다.

### ■ 어휘 학습 방법 1 – 문맥을 살펴 모르는 단어 익히기 ■

문맥을 살펴 어휘를 익히는 방법은 실용적인 단어를 이해하고 기억하는 데 효과적입니다. 특히 경험을 통해 터득하는 게 많은 초등 시기의 아이들에게 적합하며, 아는 어휘가 적어 사전에서 제시하는 뜻에 더 어려움을 느끼는 저학년부터 자기주도력과 추론 능력을 키워야 할 중학년, 고학년에게 두루 추천하는 방법입니다.

문맥을 살펴 모르는 단어를 익히기 위해서는 일단 문맥을 제공해줄 텍스트가 필요합니다. 읽기, 대화와 토론, 실생활에서의 상황 모두 텍스트로 활용할 수 있습니다.

읽기 활동 시 문맥을 통해 모르는 단어를 익히는 상황을 다음 6학년 1학기 국어(나) 교과서에 제시된 지문으로 살펴보겠습니다.

> 수원화성은 일제 강점기를 거치면서 성곽 일대가 훼손되기 시작하고
> 6·25 전쟁 때 크게 파괴되었는데, 《화성성역의궤》를 보고 원래의
> 모습대로 다시 만들어졌단다.

문장 끝에 '원래의 모습대로 다시 만들어졌다'라고 언급된 것으로 보아 수원화성에 문제가 있었다는 걸 알 수 있습니다. '훼손'과 '파괴'도 수원화성에 문제가 있었다는 걸 알 수 있게 합니다. 또한, 훼손 주변에 '일대'라는 단어가 붙은 것으로 보아 전체가 아닌 일부분에 문제가 생겼었다는 걸 알 수 있습니다. 그리고 파괴 앞에 '전쟁', '크게'라는 주변 단어가 쓰인 것으로 보아 큰 문제였다는 걸 알 수 있고, 훼손으로 시작해 파괴됐다는 흐름을 미루어 보아 파괴가 훼손보다 심각한 일임을 알 수 있겠습니다.

이번에는 사람들과의 대화 속 문맥을 살펴 모르는 단어를 익히는 상황을 알아보겠습니다. 다음은 6학년 1학기 국어(가) 교과서의 〈동물원은 필요한가〉에 제시된 토론 예시 지문입니다.

> 미진: 친환경 동물원이 생기고 있지만, 동물이 원래 살던 환경을
> 그대로 동물원으로 옮기는 것은 불가능합니다. 동물은 인위적으로
> 만든 동물원보다 생태계가 어우러진 광활한 자연에서 살아야 합니다.

첫 번째 문장과 두 번째 문장을 여러 번 읽어보면 이질적인 단어를 발견하게 됩니다. '친환경', '동물이 원래 살던 환경', '생태계', '광활한 자연'은 모두 비슷한 느낌이지만, '인위적으로 만든 동물원'의 '인위적'은 다른 느낌이지요. 즉, '인위적'은 위 단어들이 불가능함으로써 일어나는 개념으로 제시되어 있습니다. 문맥상 '인위적'의 의미는 자연이 아닌 사람이 만들어 낸 것으로 짐작할 수 있습니다.

실생활에서 사용하는 어휘는 영화, 드라마, 뉴스 등 다양한 매체의 문맥을 통해 익힐 수 있습니다. 〈어린이 조선일보〉의 기사[10]를 살펴보겠습니다.

> 동남아시아와 남아시아 지역은 '괴물 폭염(Monster Heatwave)'으로 몸살을 앓고 있습니다. 4월부터 45℃에 이르는 더위가 계속 이어지고 있는 건데요. 4월 7일 베트남에서는 최고기온이 44.2℃를 넘으면서 베트남 사상 최고기온을 경신했습니다. 인도에서는 44.6℃까지 기온이 오르면서 열사병 환자가 속출하고 있어요. 한여름도 아닌데 왜 갑자기 폭염이 찾아온 걸까요?

45℃가 어느 정도인지는 몰라도 45℃에 이르는 더위라고 하니 왠지 심각한 더위인 것만 같습니다. '최고기온'에 '열'이 들어가는 환자까지 속출한다고 합니다. '몸살', '한여름'이라는 단서도 있습니다. '폭염'이란 사람이 괴로울 정도의 엄청난 더위인 것을 알겠네요. 아이가 이 과정을 어려워한다면 부모가 함께 해주어도 좋습니다. 몇 번 반복하면 아이 스스로 할 수 있게 됩니다.

■ 어휘 학습 방법 2 − 사전을 찾아 모르는 단어 익히기 ■

　사전 찾기는 모르는 단어를 익히기 위한 어휘 학습의 대표적 방법입니다. 많은 언어 전문가가 어휘력 향상을 위한 첫걸음으로 '국어사전 사용'을 추천합니다. 국어사전에는 단어의 뜻과 사용 예문이 제시되므로, 활용하면 단어의 정확한 뜻과 속뜻, 용법 등을 이해하는 데 무척 유용합니다. 또 국어사전을 활용하면 추상적인 낱말도 이해할 수 있습니다. 아이와 함께 동음이의어와 유의어를 살펴 문맥에 따른 단어의 미묘한 의미 차이를 이해해 보세요. 아이의 어휘가 확장되고 풍부해질 것입니다.

　사전 찾기를 고루하게 여기는 시선도 있습니다. 그러나 제가 함께한 대부분의 아이는 사전을 좋아했습니다. 4학년 담임을 맡았을 때, 아이들에게 개인 사전을 준비해 비치하도록 한 적이 있습니다. 호기심이 많은 시기인 만큼 아이들은 모르는 단어를 만날 때마다 "아, 사전!"이라고 외치며 사전을 찾았습니다. 단어를 몰라 헤매는 친구에게 "사전에서 찾아봐!"라고 조언하거나 "내가 사전에서 찾아줄까?"라고 말하기도 했습니다. 놀잇감이나 장난감처럼 재미있고 편하게 사전을 접하면서 든 습관입니다. 급기야 독서 시간에 사전을 읽는 아이도 생겼습니다.
　사전은 차마 남에게 묻지 못한 단어, 관심 분야의 단어들도 척척 알려줍니다. 아이들은 우리 생각보다 다양한 분야에 호기심을 갖고 다양한 단어를 찾아봅니다. 심지어 내 이름, 친구 이름, 가족 이름까지도 찾아봅니다. 그러다가 우스꽝스러운 단어를 발견하면 한참을 웃습니다. 사전 찾기는 국어 시간에 활용하기보다 자발적으로 찾을 때 더 적극적으로 어휘 학습이 일어납니다. **아이들이 오가는 곳에 우리말 사전을 한 권 두고 모르는 단어가 생길 때마다 찾아보세요. 금세 따라 하는 아이들을 볼 수 있을 것입니다.**

사전을 구입할 땐 아이와 함께 서점에 가서 편하게 볼 수 있는 사전을 고르시면 됩니다. 일반적으로 보는 《보리 국어사전》, 《동아 초등 새국어 사전》, 《속뜻풀이 초등국어사전》을 추천하며 모두 활용에는 큰 차이가 없었습니다. 인터넷이나 스마트폰 앱으로 사전을 찾아도 되는지 묻는 부모도 많은데 저는 편리함을 마다할 이유는 없다고 생각합니다. 우리가 살아갈 미래는 스마트 기기와 더불어 살아가는 세상입니다. 바른 사용법을 지도하면 됩니다.

아이들은 학년이 올라가고 다양한 텍스트를 접하면서 모르는 단어를 만나게 됩니다. 모르는 단어를 접하면 대부분 여러 번 봐야 그 의미를 이해하고 기억하게 됩니다. 문맥을 살피거나 사전을 활용해 어휘를 파악하는 행동은 그 어휘를 익히기까지의 가장 효과적인 만남 중 하나입니다. 평소에는 문맥적 추론을 통해 어휘를 이해하고, 문맥상 어휘를 파악하기 어렵거나 정확한 뜻이 궁금한 경우에는 국어사전을 찾아보면 좋습니다. 두 방법 모두 단어의 다중적인 측면을 알게 해주고 어휘를 확장하게 합니다. 그리고 아이들은 단어 해독에서 깊이 읽기의 과정으로 넘어가게 될 것입니다.

# 공부를 잘하게 하는
# 어휘 학습법이 있다

아이의 어휘력을 걱정하는 이유는 다양합니다만, 그중 학업 성취를 이유로 꼽지 않는 부모는 없을 것입니다. 어휘력이 부족하면 생기는 문제 중 가장 와닿는 것이 바로 성적 하락이기 때문입니다.

공부를 잘하게 하는 어휘 학습의 출발점은 '교과서'입니다. 교과서에 나온 어휘를 정확히 알면 학년이 올라가도 학습에 어려움이 없습니다. 국어, 사회, 과학 교과서 등을 활용하여 아이의 학업 성적을 높이는 어휘 학습을 할 수 있습니다.

### ■ 왜 교과서인가? ■

공부는 학습 어휘를 수집하고 이해하는 과정입니다. 이러한 학습 어휘를 '학습 도구어'라고 합니다. 학습 도구어는 교과 과정과 관련하여 등장하는 어휘로 일상생활에서 사용하는 어휘와는 구별됩니다. 예를 들어, 우리가 쓰는 일상어 '타다'는 학습 도구어인 '연소하다'로 제시됩니다. 비슷한 의미이지만 학습 도구어가 더 명확한 개념을 전달합니다. 아이들은 이러한 학습 도구어를 통해 전문적인 어휘력을 갖추며 학습 활동에 임하게 됩니다.

**학습 도구어가 부족하면 학습 내용을 이해하기가 어렵습니다.** '연소하다'의 의미를 모르는데 '연소가 일어나려면 발화점 이상의 온도가 되어야 한다'라는 문장을 이해할 수 있을까요? 이런 아이들은 아마 '발화점'의 의미도 모르고 있을 가능성이 큽니다. 모르는 어휘로 도배된 교과서와 선생님의 수업이 재미있을 리 없습니다. 그러나 이런 현실과 달리, 많은 부모가 성적 하락의 이유를 아이의 산만함, 이해력 부족에서 찾기 시작합니다.

**어휘력도 잡고 성적도 잡는 방법은 교과서에 있습니다.** 교과서는 아이가 가장 쉽게 접할 수 있는 텍스트입니다. 또한, 교과서에 제시된 어휘는 아이의 신체적, 정서적 발달 수준에 맞게 선택된 것입니다. 교과서에 제시된 학습 도구어는 상위 학년 수업과 연결되고, 아이의 어휘력을 키워가는 토대가 됩니다.

초등 공부는 교과서에 등장하는 학습 도구어를 찾아서 이해한 다음, 교과서를 읽는 것으로 시작해야 합니다. 그간 아이가 단원 평가를 볼 때마다 문제집, EBS 강의, 학원 선생님을 찾아왔다면, 이번에는 단원 평가의 기본인 교과서 속 학습 도구어부터 점검해 주시길 바랍니다.

교과서는 학습에 필요한 어휘의 기초를 다지는 데 중요한 역할을 합니다. 교과서는 기본적인 지식과 문장 패턴뿐 아니라, 초등학생이 익혀야 할 어휘를 고루 제공합니다. 다양한 학습 자료와 예시를 통해 일상과 관련된 어휘를 이해하게 해줍니다.

9등급 어휘 체계에 따르면, 초등 5~6학년 수준의 아이가 누적하여 아는 어휘는 약 2만 2천 개입니다.[11] 그리고 초등학교 6년 동안 교과서로 배울 수 있는 어휘는 2만 7천여 개입니다.[12] 이는 아이들이 교과서에 담긴 내용만 충분히 익혀도 어휘력 부족 현상이 나타나지 않는다는 것을 뜻합니다. 교과서 속 어휘를 익히고 이를 바탕으로 어휘를 꾸준히 확장하는 연습을 해야 합니다.

### ■ 성적을 잡는 어휘 학습법 1 – 국어 교과서 ■

어휘 학습에 활용할 수 있는 교과목은 아이의 학습 목표와 수준에 따라 다르지만, 국어 교과서는 어휘 학습의 기본으로써 누구나 활용하기 좋은 교과서입니다.

우선, 국어 교과서에 제시된 다양한 주제와 문장 구조는 아이의 어휘 확장을 돕습니다. 문법 규칙과 어휘 사용 사례를 함께 배우면서 언어에 대해 전반적으로 이해할 수 있습니다. 그리고 국어 교과서는 다양한 문학 작품과 문학적 표현을 다룹니다. 시, 소설, 수필, 주장문 등 다양한 장르의, 비유와 은유가 가득한 문학 작품은 아이가 좀 더 어휘를 풍부하게 익히고 활용할 수 있게 합니다.

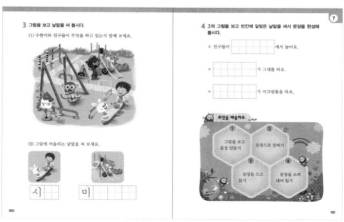

국어 교과서는 학년에 맞는 구체적인 어휘 학습 방법을 제공합니다. 특히 저학년에게는 상당히 유익한 자료입니다. 그림 카드에 알맞은 낱말 쓰기, 여러 가지 말놀이하기, 헷갈리는 낱말을 찾고 바른말 사전 만들기 등의 다양한 어휘 학습 방법이 제시되기 때문입니다. 아이의 어휘 학습을 어떻게 시켜야 할지 잘 모르겠다면, 아이의 국어 교과서를 펼쳐서 제시된 방법을 활용하면 됩니다.

6-1 국어(가) 1. 비유하는 표현

　국어 교과서는 학년이 올라가면 어휘를 직접적으로 익히기보다
제시된 텍스트를 통해 많은 어휘를 습득하도록 구성됩니다. 예를
들어, 정약용에 관한 전기문을 읽으며 '거중기', '암행어사', '지방
관리', '실학'의 의미를 알게 하고, 〈뻥튀기〉 시를 읽으며 뻥튀기가
사방으로 날리는 모양을 '봄날', '꽃잎', '나비', '함박눈', '폭죽'으
로 비유할 수 있음을 알게 하는 것입니다. 맥락을 살피면 알 수 있는
수준입니다.

　　　　　　　　　　　　　　　　　2장 어휘 - 문해력의 기초

교과서가 정답은 아니지만, 공부 방향을 잡기에 교과서만 한 기준도 없습니다. 아이가 학교에서 속담을 배우는데 속담이 어렵다는 말에 곧바로 속담집이나 속담 문제집을 검색하지는 말아 주세요. 어휘력과 문해력이 위태롭다고 생각하며 논술 학원을 찾아보지 않으셔도 됩니다. 이제는 아이와 함께 교과서를 먼저 펼쳐보셨으면 합니다. 교과서를 보면 해당 학년에 알맞은 속담이 무엇인지, 속담을 어떻게 지도하는지, 속담과 관련하여 어떤 활동을 할 수 있는지 다 알 수 있습니다.

### ■ 성적을 잡는 어휘 학습법 2 − 사회·과학 교과서 ■

**사회 교과서와 과학 교과서에 제시된 어휘는 아이에게 강력한 배경지식을 형성해 줍니다.** 사회·과학 교과서에는 핵심 개념 어휘가 많이 나온다는 공통점이 있습니다. 아이들은 개념 어휘를 기억하면서 다양한 주제별 전문 어휘를 익히게 됩니다. 과학 교과서에는 물리학, 생명과학, 화학, 지구과학에 대한 기초 지식이 제시되어 있고, 사회 교과서에는 지리, 역사, 경제, 국가와 사회, 사회·문화에 대한 기초 지식이 제시되어 있습니다. 각 교과서에는 그 지식을 나타내는 어휘와 새로운 사물을 나타내는 말들이 가득합니다.

**사회 교과서에는 해당 학년의 이해 수준에 맞는 사회적 어휘가 정리되어 있습니다.** 단, 한자어를 활용한 어휘가 많아 아이들이 어려워하는 경향이 있으니 유의해야 합니다.

아이들은 사회 교과서를 통해 사회적인 어휘와 문맥을 이해하고 응용할 수 있습니다. 예를 들어, 민주정치의 원리를 알아보는 단원에서는 '국민 주권', '권력 분립', '국민 자치', '입헌주의'의 개념과 관련 어휘를 익힐 수 있습니다. 민주정치와 관련된 어휘들의 쓰임을 알고 적절한 상황에서 활용하게 됩니다.

**과학 교과서에는 과학 분야의 전문 용어와 개념 어휘가 정리되어 있습니다.** 일상생활에서 자주 쓰는 어휘는 아니어서 다소 생소하고 이해하기 어려운 면이 있으므로 교과 내용과 관련된 책을 읽어보면 좋습니다.

과학 교과서의 어휘를 익히기 위해서는 탐구 활동의 기본이 되는 용어를 먼저 익혀야 합니다. 과학 탐구 용어는 각 학년 1학기 과학 교과서 맨 앞의 '과학 탐구'에 제시되어 있습니다. 과학적 개념 대부분이 과학 탐구 용어와 함께 사용되니 아이가 미리 익힐 수 있도록 해주세요.

〈과학 교과서에 제시된 과학 탐구 용어〉

| 학년 | 과학 탐구 용어 |
|:---:|:---|
| 3 | 관찰-분류/측정-예상/추리-의사소통 |
| 4 | 변화-관찰-추리/측정-예상/분류-의사소통 |
| 5 | 문제 인식-가설 설정/변인 통제/자료 해석-결론 도출 |
| 6 | 문제 인식-가설 설정/변인 통제-자료 변환/자료 해석-결론 도출 |

사회·과학 교과서를 통해 배운 어휘들을 강화하고 싶다면 '한 문장 쓰기'를 권합니다. 배운 개념 중 맥락에 맞는 단어 고른 다음 직접 문장을 만들어 보는 것입니다. 예를 들어, '권력 분립'을 배웠다면 '권력 분립을 통해 국가기관은 서로를 견제하고 감시하면서 권력의 균형을 이뤄내고, 국민의 자유와 권리를 보장한다.'라는 한 문장을 써 보는 것입니다. 이는 배운 어휘를 복습하고 관련 어휘를 연관 지어 익히는 데 매우 효과적인 학습 방법이자, 성적에도 긍정적인 영향을 주는 학습 방법입니다.

💬 해보기 | 한 문장 쓰기

| 배운 단어 | 권력 분립 |
| --- | --- |
| 한 문장 쓰기 | 권력 분립을 통해 국가기관은 서로를 견제하고 감시하면서 권력의 균형을 이뤄낸다. |

| 배운 단어 | 행성 |
| --- | --- |
| 한 문장 쓰기 | 태양계에는 크기와 색깔이 다른 8개의 행성이 있다. |

많은 아이가 교과서 내용과 수업을 제대로 이해하지 못합니다. EBS 〈당신의 문해력〉 제작팀이 중학교 3학년을 대상으로 한 '어휘력 진단평가'에 따르면, 어휘를 이해하여 교과서 자기주도학습이 가능한 학생이 10명 중 1명뿐이라고 합니다.

오늘도 많은 아이가 교과서가 아닌 핵심 요약집이나 문제집을 선택합니다. 가장 효과적인 어휘력 향상 방법을 찾으면서 기본이 되는 교과서는 등한시합니다. 교과서는 학습자 수준에 맞는 어휘와 어휘 학습의 방향을 제시해 주는 훌륭한 나침반이라는 점을 기억하시길 바랍니다.

💬 **더 알기 ㅣ 학습 어휘를 익히기 위해 어휘력 문제집을 풀려도 될까요?**

상황과 맥락을 통해 자연스럽게 어휘를 배우는 것을 가장 추천하지만, 때에 따라 어휘력 문제집을 통해 아이의 어휘력을 키울 필요가 있습니다. 다음 아이들에게는 어휘력 문제집을 교과서와 함께 활용해 효과적인 학습을 할 수 있도록 도와주세요.

**추천 1. 학습에 흥미가 없거나, 어휘의 의미 추론이 어려운 아이**
어휘가 풍부해질 때까지, 문맥을 통한 어휘의 의미를 찾는 방법을 익힐 때까지 마냥 기다릴 수만은 없습니다. 교과서에 모르는 어휘들이 누적되면 학습의 악순환이 시작됩니다. 아이 수준에 맞는 어휘력 문제집을 통해 어휘력을 보완해 주세요.

**추천 2. 학습에 흥미가 아주 많거나, 교과서의 어휘를 확장하고 싶은 아이**
문제집을 제공해 추가적인 어휘 학습을 할 수 있습니다. 이는 아이 스스로 배운 내용에 관련된 어휘를 익히게 되는 자기주도학습 습관을 형성해 줍니다. 배운 주제에 대해 깊이 있는 어휘를 익히는 것은 학업 성취에도 긍정적인 영향을 줍니다.

2장 어휘 - 문해력의 기초

# 문해력을 높이는
# 어휘 학습법 1
## - 일상 -

　최근 문해력에 관한 관심이 높아지면서 어휘력 문제집도 쏟아지는 추세입니다. 어휘력 높은 아이로 키우는 독서법이나 교과서 공부 방법도 특급 비기처럼 전해지기도 합니다. 국어, 영어, 수학 및 주요 과목 성적에 어휘력, 사고력, 문제 해결력, 아이의 예절과 인성 등을 모두 케어해 주려면 부모의 몸이 열 개라도 모자랄 지경입니다. 이런 상황에 어휘까지 챙기려면 시작도 어렵고, 지속은 더 어렵습니다. 이번 장에서는 따로 시간을 내지 않고 일상 속 작은 변화와 실천만으로 어휘력을 늘릴 방법을 소개합니다.

■ **일상에서 어휘를 익혀야 한다** ■

　일상생활에서 어휘를 익히는 것의 가장 큰 장점은 가장 자연스러운 학습 방식이므로 어휘를 쉽게 받아들인다는 것입니다. 따로 시간을 낼 필요도 없습니다.

이 방법은 실제 상황에 맞는 어휘를 사용하고, 다양한 맥락에서 의미를 파악함으로써 언어를 유기적으로 습득하게 합니다. 중요한 것은 부모가 일상에서 '어휘력이 필요한 순간'을 적극적으로 활용하는 것입니다. 우선, 일상생활에서 어휘를 익혀야 하는 이유를 정리해 보겠습니다.

**첫째, 생생한 어휘를 익힐 수 있습니다.** 생생한 어휘란 문어체 위주의 책이나 교육 자료로는 얻을 수 없는, 실제 상황에 바로 적용할 수 있는 어휘를 말합니다. 일상적인 대화, 토론, 뉴스 기사, 영화와 소설 등 실제 의사소통과 관련된 맥락에서 얻을 수 있습니다. 아이의 삶과 직접적인 관련이 있다는 사실은 효과적인 어휘 학습을 가능하게 합니다.

**둘째, 의사소통 능력을 향상시킵니다.** 일상에서 어휘를 익힌 아이는 상황에 맞는 어휘를 사용합니다. 아이는 흔히 말하는 단어의 뉘앙스나 세세한 차이를 알고 있습니다. 따라서 의사소통 과정에서 원하는 내용을 명확하게 전달할 수 있습니다. 원활한 의사소통은 자신과 다른 사람 사이의 관계를 개선하는 데 도움이 되고, 결국 아이의 자신감에도 긍정적인 영향을 줍니다.

**셋째, 반복과 연결을 통해 어휘를 효과적으로 익힐 수 있습니다.** 《하루 15분 책읽어주기의 힘》의 저자인 짐 트렐리즈 Jim Trelease 는 '모르는 단어를 열두 번을 봐야 그 단어를 완전히 이해하고 익히게 된다'라고 했습니다. 일상생활에서 어휘를 접하는 것은 다양한 맥락과 상황에서 반복적으로 이루어진다는 특징이 있습니다. 이는 어휘를 기억하기 위해 필요한 반복 학습과 관련된 원리를 충족합니다. 다양한 상황에서 어휘를 사용함으로써 해당 어휘를 새로운 정보와 연결할 수 있습니다.

## ▪ 부모의 관심과 반응이 필요하다 ▪

부모는 사실상 영유아기 때부터 아이의 어휘력에 관심을 둡니다. "엄마라고 말해봐!", "아빠라고 말해봐!" 주문을 외며 아이가 새로운 어휘를 사용할 때마다 감탄합니다. 그러나 정작 상위 언어 능력이 발달하는 6세부터, 언어 능력이 정교해지는 8~10세에는 관심과 반응을 덜 보입니다. 어휘 습득이 폭발적으로 이루어지는 시기인데도 아이가 어느 정도 컸으니 알아서 어휘를 익힐 거라고 생각하는 것입니다.

부모의 관심과 반응은 소통을 통해서 표현할 수 있습니다. SBS 스페셜 제작팀이 만든 〈밥상머리의 작은 기적〉을 보면, 아이는 책을 읽을 때보다 10배 넘는 어휘를 식탁에서 배운다고 합니다. 아이에게 오늘 학교생활은 어땠는지 물어봐 주세요. 아이의 이야기 속 어휘를 주제로 질문하고, 호응해 주세요. 대화 속에서 아이의 관심사를 발견했다면 관련된 체험학습을 제공하는 것도 좋은 반응입니다. 아이들은 자신이 좋아하는 분야와 관련된 어휘를 찾아내는 것에 거부감이 없습니다.

**부모의 관심과 반응은 긍정적인 피드백과 격려에 있습니다.** 아이에게 새로운 어휘를 배우는 과정은 상당히 도전적인 일입니다. 여기에 부모의 지지와 격려는 어려움을 극복하고 성공하는 데 도움이 됩니다. 아이가 새로운 어휘를 사용하거나 아이의 어휘력이 향상되고 있는 것이 느껴진다면 긍정적인 피드백을 해주세요. 부모의 긍정적인 피드백과 격려는 아이의 자신감을 강화하고 어휘 학습에 동기가 됩니다.

단, 유의 사항이 있습니다. 아이의 몫을 남겨주어야 한다는 점입니다. 아이를 바르게 이끌어 주고 싶은 마음, 답답한 마음을 잘 알고 있습니다. 하지만 아이가 스스로 해야 할 일을 남겨놓지 않고 다 해주면, 아이의 표현할 기회는 그만큼 줄어듭니다. 아이는 당연히 어휘 사용이 더디고, 주체적인 의사 표현도 서툽니다. 아이가 무언가 표현하고자 할 때 아이의 생각을 알아채고 대신 말해주는 것도 지양하세요. 눈치가 빠르고 과잉 친절을 베푸는 부모를 둔 아이는 굳이 힘겹게 어휘를 익히고 맞는 어휘를 찾아 떠올릴 필요가 없어집니다. 아이가 어휘를 떠올려 말을 만들어 내도록 자극하거나 기다려 주세요.

## ■ 공부가 아닌 놀이로 접근하세요 ■

"미소, 소리, 이빨…" 오랜 역사와 전통을 자랑하는 추억 속 끝말잇기는 지금도 여전히 사랑받는 놀이입니다. 아이들이 끝말잇기를 좋아하는 이유는 짧은 쉬는 시간에, 무료한 등하굣길에 친구들과 행복하게 즐길 수 있는 놀이이기 때문입니다.

아이들은 끝말잇기를 하면서 모르는 어휘를 익히기도 하고, '소리'의 '리' 자를 '이' 자로 바꿔도 되는 음운 법칙도 자연스럽게 습득합니다. 이렇게 놀이로 어휘를 익히는 것은 아이들에게 즐거움을 제공하며 학습을 즐겁게 합니다.

**아이는 일상에서 접하는 텍스트를 놀이처럼 활용하여 어휘를 익힐 수 있습니다.** 일상에서 만나는 매체를 적극적으로 활용하면 일상생활과 연계된 어휘 학습이 가능합니다. 그중 화려한 색색의 글자, 커다란 광고 문구, 시선을 끄는 단어투성이인 전단은 아주 유용한 어휘 학습 도구입니다. 아이가 사고 싶어 하는 물품을 가위로 오려내어 장바구니를 만들어 보세요. 시장 놀이를 하며 다양한 어휘를 익힐 수 있습니다. 단어와 그림이 함께 제시된 전단 특성상 텍스트와 시각적인 이미지가 연결되어 더 오래 기억하게 됩니다.

매달 학교에서 나누어주는 급식 안내장에 좋아하는 음식이 있는지, 처음 보는 음식이 있는지를 찾아보는 것도 재미있습니다. 음식 이름은 대부분 합성어로 이루어져 있습니다. 추후 접하게 될 고차원적인 어휘 학습에 도움이 되는 어휘입니다. '청포묵김무침'을 예로 들어보겠습니다. 청포묵김무침은 '청포', '묵', '김', '무침'으로 구성된 합성어이므로 각 요소의 의미를 이해하고 조합해야 이해할 수 있는 구조입니다. 각 어휘를 이해하고 조합하는 과정을 거치면 합성어 개념을 자연스럽게 익힐 수 있습니다. 무침이 들어가는 다른 음식을 찾아 '무침'이 어떤 의미로 사용되는지 더 이야기 나눌 수도 있겠습니다.

**아이는 일상 속 놀이 활동을 통해 어휘를 익힐 수도 있습니다.** 앞에서 언급한 끝말잇기가 대표적입니다. 흔히 우리가 알고 있는 끝말잇기 외에 주제어 끝말잇기, 가나다 끝말잇기 등의 변형 형태도 있습니다. 주제어 끝말잇기의 경우, '동물'이 주제면 '기린, 코끼리, 호랑이…'와 같은 식으로 진행합니다. 가나다 끝말잇기는 자음 순서대로 '글씨, 나눔, 대화…' 식으로 진행합니다. 그 외에도 한글 땅따먹기, 십자말풀이, 간판 찾기, 표현하기 등 다양한 어휘 익히기 놀이가 있습니다.

일상생활에서 어휘를 학습하는 것은 가장 효과적인 어휘 학습법입니다. 부모의 충분한 관심과 반응은 아이의 새로운 어휘 학습하는 데에 동기가 되고, 자신감을 채워줍니다. 또한, 놀이를 통한 어휘 학습은 재미와 긍정적인 감정을 유발합니다. 이 두 가지 팁을 활용하여 자연스럽게 아이의 어휘력을 높여보세요.

## 1. 다양한 말놀이[13]

말놀이를 모아 보드게임을 할 수도 있고 보드게임 한 칸에 있는 놀이를 개별 놀이로 활용할 수도 있습니다.

| | 끝말잇기 | 첫 글자로 말 잇기 | 꽁지 따기 말놀이 | 주고받는 말놀이 |
|---|---|---|---|---|
| 출발 ☞ | 음식-식사-<br>사과-<br>( )-( )<br><br>괄호 2개 모두<br>혼자 이어서<br>말하면 성공 | 나무-나비-<br>나이테-<br>( )-( )<br><br>괄호 2개 모두 혼자<br>이어서 말하면 성공 | 사과는 빨개-<br>빨가면 딸기-<br>딸기는 작아-<br>(작으면 ) | 하나는 뭐니?-<br>빗자루 하나-둘은<br>뭐니?-안경알<br>둘-셋은 뭐니?-<br>( ) |
| | | | | **가위바위보<br>이기면 주사위<br>한 번 더!** |
| | 표현하기 | 초성 퀴즈 | 주제어 끝말잇기 | 말 덧붙이기 놀이 |
| 도착! | 높다, 넓다<br><br>몸짓이나 말로<br>표현하면 성공 | 시장에 있는 물건<br>(ㅂㅊ) | 주제: 동물<br>기린-코끼리-<br>호랑이-( ) | 과일 가게에 가면<br>사과도 있고 - 과일<br>가게에 가면 사과도<br>있고, 바나나도 있고<br>- ( ) |

## 2. 한글 땅따먹기

① 지우개를 튕겨서 땅따먹기 놀이를 진행합니다.

② 자음에 알맞은 단어를 말하면 내가 차지한 땅을 색칠합니다.

③ 색칠한 땅이 더 많으면 승리합니다.

| | | | |
|---|---|---|---|
| 꽝 | ㅈ | ㄷ | ㅁ |
| ㅊ | ㄴ | ㅅ | ㅂ |
| ㅋ | ㄱ | ㄹ | ㅇ |
| ㅍ | ㅌ | 꽝 | ㅎ |

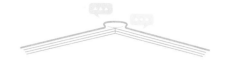

# 문해력을 높이는
# 어휘 학습법 2

## - 한자어 -

지금 이 책을 읽고 있는 독자들이 초등학교 때만 해도 한자는 꼭 알아야 할 교양 과목이었습니다. 그러나 그 후 수차례 한자 교육 개정이 이루어지면서 그 비중이 대폭 축소되었습니다. 그리고 지금은 한자 어휘력 부족으로 인한 각종 이슈가 떠오르는 추세입니다. 교실에서도 한자로 구성된 학습 어휘를 몰라 수업을 이해하지 못하는 아이가 많이 눈에 띕니다. 아이가 한자로 된 어휘를 이해하지 못하면서, 한자 공부를 따로 시켜야 하는지 묻는 부모도 늘었습니다. 여러분은 어떻게 생각하시나요? 한자어를 꼭 배워야 할까요?

### ▪ 한자어는 꼭 배워야 한다 ▪

한자는 우리의 일상 어휘와 학습 어휘 모두에 깊숙이 자리하고 있습니다. 한국어 어휘의 약 51%가 한자어로 구성되어 있으며, 명사를 포함하면 70% 후반대를 웃돕니다. 확인을 위해 방금 위에서 읽은 문장을 제시할 테니, 한자어가 몇 개인지 세어 봅시다.

그 후 수차례 한자 교육 개정이 이루어지면서 그 비중이 대폭 축소되었습니다.

'그 後 數次例 漢字 教育 改定이 이루어지면서 그 比重이 大幅 縮小되었습니다.' 한 문장에만 무려 8개의 한자어가 들어있습니다. 이 문장만 보더라도 어휘와 한자는 떼려야 뗄 수 없는 관계임을 알 수 있습니다.

기성세대는 국한문 혼용 시기를 거쳐 온 까닭에 다양한 고급 한자 어휘를 사용하고, 한자어를 적절히 활용하는 사람을 교양인으로 여기는 경향이 있었습니다. 그러나 세대가 교체되며 자연스럽게 한자어 사용이 줄고 어휘에 많은 변화가 생겼습니다. 문제는 여전히 많은 어휘가 한자로 이루어져 있다는 사실입니다. **한자어 부족으로 인한 불편함을 겪고 싶지 않다면 한자어를 어느 정도 익히는 편이 낫습니다.**

**한자어를 익히면 어휘가 확장됩니다.** 한자어는 다양한 의미와 맥락을 포함하고 있습니다. 예를 들어 '무의도'라는 한자어가 '섬의 형태가 장군복을 입고 춤추는 것 같아 무의도라 하였다.'[14]임을 알게 되면 추가로 알게 되는 의미와 맥락이 생깁니다. 지명을 한자어로 나타낼 수 있다는 사실을 알게 되고, '무(舞)' 자가 음악 시간에 배운 '무용'에 쓰이는 것과 같은 뜻이고, 내가 좋아하는 아이돌의 '안무'에도 쓰인다는 것을 깨닫습니다. 즉, '무(舞)' 자가 춤을 나타냄을 알게 되면서 관련 어휘가 확장합니다. 의식주의 '의(衣)', 제주도의 '도(島)' 자도 다양하게 확장되겠지요.

**한자어를 익히면 공부가 쉬워집니다.** 앞에서 살펴본 바와 같이 교과서에 쓰인 대다수 어휘는 한자어입니다. 기본 어휘뿐 아니라, 전통과 문화에 대한 텍스트, 고전 문학 텍스트에 한자어가 많습니다. 사회·과학 교과서의 학문적인 텍스트도 마찬가지입니다. 한자어의 비중은 학년이 올라갈수록 높아집니다. 그러므로 학교에서 접하는 텍스트의 상당수를 차지하는 한자어를 알게 되면, 접하는 어휘 역시 알게 됩니다. 결국 다양한 분야의 어휘를 체계적으로 이해하면서 공부가 쉬워집니다.

### ▪ 어휘력에 도움을 주는 한자어 익히기 – 기본편 ▪

한자어 학습은 가정에서 따로 챙기지 않으면 소홀해지기 쉽습니다. 이런 환경에 한자어 학습의 필요성을 느낀 부모들은 어떻게 한자 공부를 시켜야 하는지 궁금해합니다.

**한자어 익히기의 가장 기본은 뜻과 득음을 중심으로 어휘 학습과 병행하는 것입니다.** 해당 한자어의 한자가 어떻게 생겼는지는 몰라도, 최소한 그런 한자가 존재한다는 것은 알아야 합니다. 대무의도와 소무의도의 '대' 자와 '소' 자는 쓸 줄 몰라도, 큰 것을 의미하는 '대' 자와 작은 것을 의미하는 '소' 자가 존재하는 것은 알아야 합니다.

한자어는 뜻글자여서 글자 하나하나 분리해 뜻을 유추해 보면 대략적인 의미를 파악할 수 있습니다. '민주주의'가 어떤 정치제도를 의미하는지 배우기 전에 '민(民)', '주(主)', '주(主)', 의(義) 자로 분리해서 의미를 파악해 보면 그 핵심을 이해하게 되는 것입니다. 아이는 '민(民)' 자는 그 단원에서 자주 눈에 띄는 국민의 '민'과 같은 뜻이고, '주(主)' 자는 주인을 뜻한다는 것을 떠올릴 것입니다. 즉, '민'과 '주'가 합쳐져서 구성된 민주주의의 개념은 국민이 국가의 주인인 정치 형태일 것으로 추측할 수 있습니다.

굳이 완벽하게 모든 글자의 의미를 파악해야 한다는 강박을 느낄 필요는 없습니다. 민주주의에서 '주의'를 모른다면 그냥 넘어가거나 간단하게 한 번 살펴보면 됩니다. 안 그래도 어려운 한자어를 분석하고 암기하기 위해 애쓰기보다는 아는 뜻에 집중해 의미를 파악하는 연습하는 게 좋습니다.

자주 노출되면 자연스럽게 익혀지는 게 한자입니다. 그렇게 아는 한자가 쌓이면 일일이 풀어 해석하지 않아도 의미를 파악하게 됩니다.

**사전 찾기를 할 때 한자를 익히는 것도 방법입니다.** 따로 한자어를 공부하지 않아도 효과적으로 한자어를 익힐 수 있습니다. 국어

2장 어휘 – 문해력의 기초

사전에 수록된 한자어 옆에는 한자가 함께 제시되어 있습니다. 《속뜻풀이 국어사전》이나 인터넷 사전을 이용하면, 각 한자의 뜻도 알 수 있습니다. 사전으로 모르는 단어를 찾아볼 때 단어의 의미를 담은 한자를 함께 읽어보세요. 이렇게 습관을 들인 아이들은 놀라운 속도로 한자어를 익히게 됩니다.

### ■ 어휘력에 도움을 주는 한자어 익히기 – 심화편 ■

한자어를 익힐 때도 읽기와 쓰기를 병행해야 합니다. 읽기는 한자어의 의미를 파악하는 데 도움이 되고, 쓰기는 한자어를 기억하고 응용하는 데 도움이 됩니다.

**한자어를 익힐 때 하기 좋은 읽기 활동은 단연 독서입니다.** 문맥을 통해 한자어의 뜻을 추론할 수 있습니다. 텍스트는 소설, 역사서, 기사 등 다양한 장르를 선택할 수 있습니다.

**한자어를 익힐 때 하기 좋은 쓰기 활동은 요약하기, 일기 쓰기 등이 있습니다.** 읽은 내용을 요약하다 보면 자연스럽게 의미를 함축할 수 있는 한자어를 쓰게 됩니다. 일기를 쓸 때도 한자어를 사용하면 간결하고 정확하게 표현할 수 있습니다.

심화 자료가 필요하다면 문제집이나 학습지를 활용할 수 있습니다. 문제집은 다양한 예제가 제시되어 있고 수준에 맞춰 선택할 수 있다는 장점이 있습니다. 문제를 풀며 실전에서 알맞은 한자어를 골라 쓸 수 있고, 반복하면 한자어 학습에도 효과적입니다.

**기본적인 한자어는 알지만, 심화 한자어 익히기를 버거워하는 아이에게는 영상, 책, 게임을 활용하면 좋습니다.** 영상, 책, 게임은 모두 흥미로운 시각 매체라는 공통점이 있습니다. 흥미와 관심은 아이의 학습 동기를 높이고 집중력을 향상시킵니다. 이때 시각적인 이미지와 함께 한자어를 기억한다면, 어휘 학습의 효과는 더욱 높아집니다. 영상, 책, 게임에 담겨 있는 상황과 대화를 통해 한자어의 사용 맥락을 파악하는 것은 덤입니다.

아이는 자라면서 일상적으로 한자어를 더 많이 접하게 됩니다. 한자어를 점점 안 쓰는 흐름이라지만, 여전히 아이가 쓸 한국어 어휘의 반절 이상이 한자어로 구성되어 있습니다. 한자어는 한국어 어휘의 이해뿐 아니라 어휘를 확장하고 학습 활동을 잘하도록 돕습니다. 한자의 뜻과 득음을 중심으로 어휘 학습과 병행하여 보세요. 아이의 상황에 따라 읽기와 쓰기, 문제집, 각종 시각 매체 등을 활용해 보세요. 한자어 익히기는 아이의 어휘력을 위한 필수 활동입니다.

# 문해력을 높이는
# 어휘 학습법 3
## - 독서 -

어휘력과 읽기 능력은 높은 상관관계가 있습니다. 어휘력이 높은 아이는 책을 더 많이 읽게 되어 읽기 능력이 좋아지고 더 많은 어휘를 익히게 되며, 읽기 능력이 높은 아이는 새로운 어휘를 빠르게 익히게 되지요. 그리고 읽기의 형태 중 하나인 독서는 아이의 연령과 성별을 막론하고 가장 자연스럽게 어휘력을 높일 방법입니다. 다양한 분야의 책을 읽으면 다양한 분야의 어휘를 풍부하게 접할 수 있습니다.

### ■ 독서를 통해 어휘를 배워야 하는 이유 ■

아이들은 직접적인 활동을 통해 개인적 경험을 쌓고, 다양한 매체를 통해 간접적으로 개인적 지식을 습득합니다. 그리고 개인적 경험과 개인적 지식은 아이의 어휘력에 직접적인 영향을 미칩니다.

하지만 개인적 경험에는 한계가 있습니다. 원한다고 해서 죽기 전에 꼭 가봐야 할 세계 여행지를 다 갈 수도 없고, 고대 아테네의 아고라 광장에서 그 시대 사람들과 함께 회의하거나 토론할 수도 없습니다. 이는 아이들이 일상생활을 통해 어휘를 익히는 것에 한계가 있다는 것을 의미합니다.

**독서는 개인적 경험의 한계를 넘어서게 해줍니다.** 독서를 하면 개인적 경험으로 접할 수 없는 어휘를 획득할 수 있습니다. 책을 읽는 아이는 안락한 집에서 원하는 시간대에 강원도에도 갈 수 있고 아프리카에도 갈 수 있습니다. 저 먼 과거와 현재, 미래까지도 자유롭게 넘나들 수 있습니다. 아이는 독서를 통해 자신이 모르는 세계를 만나 수많은 어휘를 받아들이게 됩니다. 앞뒤 문맥을 보고 뜻을 짐작하거나 사전과 검색을 통해 어휘를 익히면서 어휘 아카이브가 확장됩니다.

**독서는 다양한 주제와 장르의 개인적 지식을 제공함으로써 아이의 어휘력을 높여줍니다.** 평소 관심 있던 주제나 흥미로운 이야기, 학교에서 배운 교과 내용 등 책의 주제와 분야에는 끝이 없습니다. 책은 주제나 장르별로 특정 어휘를 포함합니다. 어휘력을 키우는 동시에 언어와 문화를 연결하고 확장할 수 있습니다. 결국, 아이의 어휘력 향상과 학업에 긍정적인 영향을 줍니다.

**책에서 접한 어휘는 기억에 오래 남습니다.** 책은 텍스트의 맥락

안에서 어휘가 사용되는 예시를 반복적으로 제공합니다. 여기에 그림이나 삽화 등의 시각적인 자극은 어휘를 생생하게 합니다.

독서를 통해 스스로 학습하고 어휘를 찾는 과정을 거치면 더욱 깊이 이해하고, 오래 기억할 수 있습니다. 수업 중 일정 시간 자율 독서를 한 학급의 학생은 강의식인 기존의 방식으로 지도받은 학급의 학생보다 어휘 부분에서 높은 성적을 냈다는 연구 결과도 있습니다.

### ■ 어휘력이 높으면 독서 부담이 줄어든다 ■

글을 이해하는 능력의 기초는 어휘력입니다. 그리고 어휘력은 독서의 질을 좌우합니다. 어휘력이 풍부한 아이는 문맥을 이해하고 단어의 뜻을 유추하는 능력이 뛰어납니다. 그러므로 글을 전반적으로 잘 이해하며, 설사 텍스트를 읽는 과정에서 장애물이 생긴다 해도 잘 극복합니다. 실제로 아이들을 관찰하면, 어휘를 충분히 자기 것으로 소화한 뒤에 글에 대한 이해도가 급속도로 변화하는 것을 볼 수 있습니다.

어휘력이 높은 아이에게 독서는 세상을 보는 재미있는 눈이지만, 어휘력이 낮은 아이에게 독서는 큰 부담입니다. 어휘력이 낮은 아이는 책을 피해야 할 대상으로 느끼고, 모르는 어휘가 나오면 모르는 대로 읽는 둥 마는 둥 책장만 넘깁니다. 이런 아이는 어휘력을 늘리는 데에 긴 시간이 소요되므로 책 수준을 확 낮추어 악순환의 고리를 끊어주는 게 좋습니다.

EBS〈당신의 문해력〉에서 보면 어휘력 점수가 낮은 아이들은 책을 읽다가 어려운 단어가 나오면 시선이 흔들립니다. 읽다가 멈추기를 반복하여 결국 끝까지 읽지 못합니다. 어휘력 부족이 독서를 방해하고 포기하게 하는 요인이기 때문입니다.

어휘력은 아이가 어려운 단어를 접했을 때 해석하려고 하는 노력 여부에도 영향을 끼칩니다. 시선 추적 관찰 결과, 아이의 어휘력 차이가 글을 이해하는 능력과 태도에 큰 영향을 미친다는 사실을 알 수 있습니다.

**어휘력은 아이들이 책을 읽는 데 들이는 시간과 노력을 줄여줍니다.** 아래에 제시된 두 문장을 살펴보면 어느 문장을 더 신속하게 이해할 수 있는지, 어느 문장이 더 의미 파악에 에너지가 적게 드는지를 알 수 있습니다.

---

1. 어즈버 백만억 창생을 어느 결에 물으리[15]
2. 오늘은 드디어 금요일이야. 정말 신나는구나!

---

대부분은 아는 어휘로만 구성된 두 번째 문장을 훨씬 빠르고 정확하게 이해했을 겁니다. 금요일에 담겨 있는 의미는 한 주의 다섯 번째 날 뿐이 아닙니다. '학교랑 학원에 안 가고 주말을 앞둔 신나는 날'의 의미도 있습니다. 따라서 그 뒤의 신난다는 표현은 당연하며,

따로 이해할 필요가 없습니다. 아는 어휘가 많을수록 책 내용을 이해하는 데 드는 수고를 줄일 수 있습니다.

## ▪ 독서가 어휘력을 높인다 ▪

**다양한 어휘에 많이 노출하는 데는 독서만 한 것이 없습니다.** 능숙한 독자 그룹의 평균 어휘 노출량은 미숙한 독자 그룹의 평균 어휘 노출량보다 약 3배 많다고 합니다.[16] 어휘에 많이 노출된다는 것은 어휘를 접하고 익힐 기회가 더 많다는 것입니다. 기회를 놓치지 않고 어휘를 파악하는 연습을 하면 아이의 어휘력이 성장합니다. 다양한 단어와 문장 구조를 접하면서 새로운 어휘를 익히게 되고, 기존 어휘를 이해하게 됩니다.

**저학년은 그림책을 활용하여 어휘력을 높일 수 있습니다.** 그림책의 시각적 이미지는 책에 대한 아이의 흥미를 돋우고 어휘의 의미를 파악하는 데에 도움이 됩니다. 책을 읽고 잘 모르는 단어가 무엇인지 이야기를 나누며 의미를 짐작해 보면 좋습니다. 시야를 넓혀 단어의 활용 예와 다른 어휘와의 관계 등을 살펴보는 것도 어휘 확장에 도움이 됩니다. 이 외에 해당 단어를 넣은 문장을 만들거나 관련 체험을 하는 등의 방법으로 어휘력을 기를 수 있습니다.

## 《내 마음 ㅅㅅㅎ》읽고 활동하기

### 1단계. 흥미 갖기

**엄마**: 이 그림에는 어떤 것들이 보이니?

**아이**: 사람이 있어. 저기 먼 벽에 가서 뒤를 돌아보고 있어.

**엄마**: 그 사람에게 특별한 점은 없니? 뭐가 있나 살펴볼까?

**아이**: 주인공의 모습이랑 그림자 모습이 달라. 뿔이 나 있고 꼬리가 있어!

**엄마**: 우와! 우리 ○○이 관찰을 잘하는구나! 또 관찰한 다른 것들이 있니?

**아이**: 앞에 접시가 있네. 접시가 깨져 있고 접시에 담길 음식들이 바닥에 떨어져 있어.


### 2단계. 의미 짐작

**엄마**: 주인공은 지금 어떤 마음일까?

**아이**: 주인공은 아무랑도 얘기하고 싶지 않나 봐.

**엄마**: 왜 그렇게 생각하니?

**아이**: 뒤돌아 서 있으니깐. 아무도 내 마음을 몰라준다고도 쓰여 있어.

**엄마**: 그렇구나. ○○이는 아무랑도 얘기하고 싶지 않았던 적이 있니?

**아이**: 음… 응! 예전에 □□이랑 싸웠는데 아무랑도 얘기하고 싶지 않았어.

**엄마**: 정말 기분이 안 좋았겠다. 주인공도 그런 기분인가 봐. 주인공도 그런 기분인지
　　　알 수 있는 그림이 있을까?

**아이**: 응. 자세히 보니, 주인공 그림자에 뿔도 나 있고 화가 난 것 같아. 앞에 접시도 깨져 있어!

**엄마**: 이런 상황일 때 쓰는 '속상해'는 무슨 뜻일까?

**아이**: 기분이 엄청 안 좋고, 혼자 있고 싶을 때 쓰는 말 같아!


### 3단계. 어휘 확장

**엄마**: '속상해' 같은 말은 어떨 때 쓸까?

**아이**: 지난주에 비가 와서 가족끼리 캠핑을 가지 못했을 때 쓰면 좋을 것 같아. 동생이
　　　내 말을 안 들을 때도 써도 되겠어!

**엄마**: 정말 적절한 표현이다! 가족끼리 캠핑하게 되거나, 동생이 말을 잘 들으면 뭐라고 할까?

**아이**: '기쁘다, 신난다'라고 하면 돼!

**엄마**: 그렇네! '속상해'처럼 기분이 안 좋을 때 쓰는 표현이랑 '기쁘다'처럼 기분이
　　　좋을 때 쓰는 말들을 한 번 찾아볼까?

고학년은 독서를 통해 익힌 어휘들을 연결해 어휘력을 높일 수 있습니다. 예를 들어, 우주에 관한 책을 읽었다면 '은하, 별, 태양계, 행성, 혜성, 관찰' 등의 단어를 접했을 것이고, 우주와 위 단어들의 관계를 파악하고 연결함으로써 강력한 어휘 네트워크를 형성할 수 있습니다. 또한 같은 범주의 어휘들은 서로 연결되어 연상 단어로 기억되는 특성이 있습니다. 마인드맵 같은 시각적 조직도를 활용해 단어를 정리하거나, 단어가 포함된 문장 만들기를 하면 좋습니다.

아이의 학년이 올라갈수록 부모와 함께 책을 읽고 이야기 나누기는 어려워지는 게 사실입니다. 아이들은 부모보다 친구와 이야기하기를 선호하고, 남자아이들은 더 심합니다. 이렇게 가정에서의 지도가 어려워지면, 학교나 도서관에서 실시하는 독서 프로그램에 참여시키는 것도 방법입니다. 또래와 함께 독서하고, 새로운 어휘를 익히고, 고학년 때 하게 되는 독서 토론을 준비하면서 언어 활동에 많은 도움을 받을 수 있습니다.

어휘력과 독서는 서로 긍정적인 영향을 주고받는 활동입니다. 어휘력이 높은 아이는 우수한 읽기 능력으로 다양한 단어와 문장 구조가 포함된 책을 즐겁게 읽으며, 독서하는 아이는 개인적 경험의 한계를 극복하고 새로운 어휘를 받아들임으로써 어휘력을 높입니다. 독서에`대한 자세한 내용은 다음 장에서 살펴보겠습니다.

# 3장

# 독서 -
# 문해력 향상

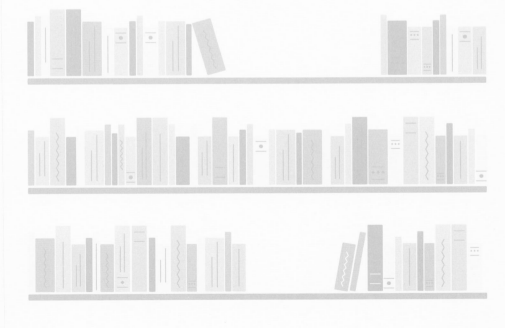

# 독서를 통해
# 문해력을 키워야 합니다

재미있고 자극적인 게 차고 넘치는 요즘 세상에서 책이 설 자리가 점점 좁아지는 것 같습니다. 어른도 아이도 점점 독서하기가 힘들어지는 환경입니다. 그런데 왜 부모는 아이의 문해력을 위해, 학업 성적을 위해 독서를 선택하는 걸까요? 그 이유를 알지 못하고 하는 독서는 문해력에 도움이 되지 않겠죠.

이번 장에서는 책을 읽어야 하는 이유를 설명합니다. 문해력을 키우는 과정에 활용하면 좋겠습니다.

## ■ 읽는 뇌가 문해력을 높인다 ■

인지신경과학자이자 아동 발달 학자인 매리언 울프 Maryanne Wolf 는 저서 《책 읽는 뇌》에서 "인류는 책을 읽도록 태어나지 않았다. 독서는 뇌가 새로운 것을 배워 스스로를 재편성하는 과정에서 탄생한 인류의 기적적 발명이다."라고 했습니다. 즉, 인간은 읽기와 관련한 능력을 갖추고 태어나지 않습니다. 책을 읽어 나가면서 읽기 능력을 습득하고, 점진적으로 강화하며 문해력을 얻는 것입니다.

**아이는 책을 읽음으로써 읽는 법을 배웁니다.** 독서하는 과정을 거쳐 다양한 어휘와 문장 구조를 익히면 아이의 언어 지식이 향상됩니다. 아이는 쌓인 언어 지식을 활용하여 단어의 의미를 유추하거나 문맥을 파악합니다. 중요한 정보가 무엇인지 알고 내용을 파악하여 글의 의미를 해석하기도 합니다. 많이 읽는 아이일수록 어떻게 읽는 게 효율적인지 알게 되고 이를 활용합니다.

**독서는 아이에게 읽기 경험을 제공합니다.** 책 읽기는 특별한 노력을 기울이거나 반복적인 연습을 해야 한다는 강박에서 비교적 자유롭습니다. 과정 자체로 자연스럽게 읽기 전략이 개발되고, 흥미를 느끼면 더 많은 읽을거리에 노출되어 읽기 훈련이 됩니다.

읽기 속도와 정확도 점점 향상됩니다. 문장의 의미를 빠르고 정확하게 해석하는 능력은 문해력에 필수적입니다. 꾸준한 독서로 읽기 경험이 누적되면 효과적으로 문해력을 개발할 수 있습니다.

**독서는 비판적 사고를 길러줍니다.** 다양한 주제와 장르의 글에는 그만큼 다양한 사람의 이야기가 담겨있습니다. 아이는 이런 글을 읽으며 타인의 의견과 관점을 분석하고, 텍스트의 논리성을 판단하며 주관적인 자기 의견을 형성합니다. 비판적 사고력은 텍스트뿐 아니라 사회적 맥락에 관한 폭넓은 시야와 이해력을 갖추게 합니다.

### ■ 독서로 자란 공감 능력이 문해력을 높인다 ■

책을 읽으면 책을 통해 만나는 인물의 생각과 감정을 간접적으로 경험하게 됩니다. 이런 경험은 타인의 생각과 감정을 이해하고 공감하는 능력을 키워 주고, 그 과정에서 일어나는 느낌과 인지는 자극을 받게 됩니다. 아이의 감각 처리 영역, 인지 제어 영역, 감정 처리 영역, 사회인지 영역 등 다양한 뇌 영역이 활성화되는 것입니다. 이 영역들이 발달하고 상호 작용하는 것은 문해력을 향상하는 데 중요한 역할을 합니다.

### 감각 처리 영역

시각, 청각, 촉각, 후각, 미각 등의 감각 정보를 처리합니다. 시각적인 정보를 인식해 해석하는 능력은 문해력의 기본입니다. 감각 처리 영역이 잘 발달한 아이는 글을 읽을 때 시각적 정보를 빠르게 정확하게 처리합니다.

### 인지 제어 영역

주의력과 집중력 등 인지적인 기능을 조절합니다. 문해력이 높은 아이는 글을 읽는 동안 주의를 집중해 정보를 처리합니다. 인지 제어 영역이 발달한 아이는 몰입해서 글을 읽습니다.

### 사회인지 영역

사회적인 상호 작용과 관련된 인식, 이해, 판단, 추론 등을 담당합니다. 말과 글은 사회적인 맥락을 다룹니다. 사회 인지 영역이 발달하면 글의 맥락을 잘 이해할 뿐 아니라 인물들 간의 관계를 파악하여 문장의 의미를 깊이 있게 파악합니다.

### 감정 처리 영역

감정을 처리하고 조절하는 영역입니다. 감정은 단어, 문장, 글의 의미를 이해하는 데 영향을 줍니다. 감정 처리 영역이 발달하면 인물의 감정을 이해하며 글을 효과적으로 이해할 수 있습니다. 또 글 속의 상황에 공감하며 읽으면 내용을 깊이 있게 이해할 수 있습니다.

## ■ 독서는 바른 문해 환경을 만든다 ■

아이들의 문해력은 다양한 맥락 속에서 성장합니다. 그러나 안타깝게도 세상에는 선하고 좋은 맥락만 존재하지 않습니다. 거짓으로 작성되거나 정서적으로 해로운 텍스트가 많고, 아이들은 이러한 정보를 검색만으로 접할 수 있습니다.

문해력을 성장시키는 환경이 아이들에게 유익하고, 정서적으로 편안할 수 있다면 얼마나 좋을까요? 이럴 때 유용한 것이 바로 독서입니다. 독서는 문해력을 키우는 최고의 환경입니다.

책을 읽는 아이는 바른 문해 환경에 놓입니다. 책이 바른 문해 환경을 제공한다는 단서는 크게 3가지입니다. 첫째, 책은 사실에 근거한 내용을 담습니다. 책에서 다루는 정보는 검증되고, 신뢰할만한 출처를 바탕으로 합니다. 둘째, 책은 정직하고 도덕적인 내용을 담는 게 일반적입니다. 어린이 책은 더욱 그러합니다. 셋째, 책은 균형 잡힌 시각을 제공합니다. 다양한 관점을 포용하고 존중합니다.

바른 문해 환경 속에서 문해력을 키우는 아이는 사용하는 어휘도 바릅니다. 같은 지적 능력을 보유한 AI 가람이에게 8주간 유튜브를 보여준 결과, 제공하는 콘텐츠에 따라 상반된 모습을 보였습니다.[17] 키즈 콘텐츠를 본 가람이1은 "반가워요."라고 밝게 말했으나, 알고리즘이 추천하는 영상을 무작위로 본 가람이2는 "나한테 관심 좀 그만 줘."라고 말했습니다. 아이가 놓인 문해 환경은 아이의 언어 입력뿐 아니라 출력에도 직접적인 영향을 줍니다.

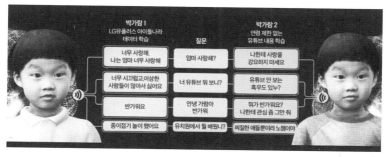

출처: The JoongAng

독서는 정서적으로 편안한 환경을 제공합니다. 책을 6분 동안 읽는 것만으로도 심박수와 근전도 등 생리적인 스트레스 지표가 감소했다고 합니다.[18] 즉, 독서는 심리적인 안정감을 제공하고 스트레스 감소에 효과적입니다.

아이들은 따뜻한 말을 건네는 책을 통해 위로를 받고, 어려움을 이겨내는 주인공을 통해 용기를 얻기도 합니다. 따뜻하고 편안한 공간에서의 독서는 긴장감을 풀어주고 긍정적인 마음가짐을 갖추도록 합니다. 그 과정에서 자존감과 문해력은 쑥쑥 자랍니다.

독서는 누구나 누릴 수 있는 활동이자 문해력을 높이는 최고의 활동입니다. 독서는 읽기 활동을 통해 읽는 법을 익히게 해주며, 아이가 텍스트에 공감하는 기회를 제공함으로써 뇌의 영역을 자극해줍니다. 이 모든 문해력 향상의 과정이 신뢰할 수 있고, 윤리적이고, 균형 잡힌 시각의 환경 속에서 이루어집니다.

초등 시기는 독서 습관을 들이는 데 가장 중요한 시기입니다. 독서를 통해 두뇌 근육을 발달시켜 아이의 문해력을 높여보세요.

# 우리 아이에게 좋은 책은
# 어떤 책일까?

독서를 시작하는 데는 '책 선정'이라는 첫 번째 관문이 기다리고 있습니다. 부모는 아이에게 책을 사줄 때 어떤 책이 좋은 책인지, 아이의 안목을 어디까지 믿어 줘야 할지 끊임없이 고민합니다. 그러다 대부분은 결국 가장 무난한 방법을 택합니다. '○학년 권장 도서', '○학년 필독 독서', '초등학생이라면 꼭 읽어야 할 책' 등을 선택해 아이에게 도장 깨기식으로 독서를 권유하는 것입니다. 하지만 가장 좋은 책을 고르는 비법은 바로 아이에게 묻는 것입니다. 가장 좋은 책은 아이가 알고 있습니다.

### ▪ 가장 좋은 책은 아이가 고른 책이다 ▪

책을 고를 때는 아이의 수준, 흥미, 성격, 관심사 등을 고려해야 합니다. 아이들은 저마다 다른 특성과 독서 수준을 갖추고 있으며,

본능적으로 자신에게 적절한 책을 선택할 수 있습니다.

아이는 제목과 차례, 그림 등을 보고 자신에게 필요한 책인지를 판단합니다. 어떤 아이는 비슷한 에피소드가 이어지는 책을, 어떤 아이는 자동차 이야기가 나오는 책을, 어떤 아이는 전래동화를 소재로 한 책을 찾아 읽습니다. 자신의 흥미와 수준을 매우 잘 알고 있다는 뜻입니다.

**아이는 책을 고를 때 누구의 눈치도 보지 않아야 합니다.** 아이가 고른 책을 보고 맞지 않는 책이라고 한다거나 다른 책을 추천하는 것은 아이의 선택을 존중하지 않는 태도입니다. 책을 골라 와도 최종 결정이 부모에게 달렸다면 아이는 책을 고를 이유가 없어집니다. 이런 아이는 책을 고를 때마다 부모의 눈치를 보고 책을 선택하는 역량도 떨어지게 됩니다. 아이의 정서 발달에 해로운 책이 아니라면 허용해야 합니다.

물론 아이에게 책을 고르라고 하면 처음에는 잘 고르지 못합니다. 경험이 없어서 그렇습니다. 아이가 자발적으로 독서하기를 바란다면 스스로 책을 고르는 기회를 자주 주세요. 아이에게 독서 가이드를 제공하는 것도 좋은 방법입니다. 평소 관심이 많았던 분야인지, 어떤 내용을 담은 책인지, 책을 펴서 읽은 부분을 잘 이해할 수 있는지를 참고하여 책을 고르도록 지도하면 됩니다. 보통 3, 4학년 무렵이 되면 상위 인지능력이 서서히 발달하면서 자신에게 필요한 책이 무엇인지 알아가기 시작합니다.

책을 무조건 싫어하는 아이는 없습니다. 아이와 책을 고를 때 주제를 중심으로 하는 경우가 많은데, 장르, 지역, 시대, 저자, 테마, 표현 방식 등의 분류에 따라 아이의 선호가 나뉘기도 합니다. 다양한 주제의 책을 추천해도 꼼짝하지 않던 아이가 기승전결이 뚜렷한 권선징악형 책에 푹 빠지기도 하니까요. 이 아이는 황금 같은 쉬는 시간까지 할애하며 책과 함께 울고 웃었고, 다 읽은 뒤에는 "내가 책을 읽다니…!"라고 했습니다. 우리 아이가 독서에 전혀 관심이 없다면 아직 흥미로운 책을 찾지 못했기 때문입니다.

### ■ 아이가 고른 책 수준, 이대로 괜찮을까? ■

책 고르기에 앞서 과연 내 아이에게 책을 선택할 능력이 있는지 의구심이 드는 게 사실입니다. 그러나 책을 끝까지 읽어내는 것도 아이이고, 책을 읽으며 다양한 사고를 해야 하는 것도 아이입니다. 따라서 연령별 수준을 고려한 추천 도서나 권장 도서, 필독 도서 목록에 크게 연연하지 않아도 됩니다. 모두 좋은 책 선택을 위한 가이드일 뿐입니다.

아이에게는 자기 수준보다 쉬운 책을 골랐다가 시시하다고 느끼는 경험도 필요하고, 자기 수준보다 높은 책을 골랐다가 어려움을 느끼는 경험도 해 봐야 합니다. 많은 부모가 어려움이 닥치면 스스로 해결해 나가는 자기 주도성과 회복 탄력성을 외치면서 실패할 기회도, 잘못된 선택을 하며 배워나갈 기회도 주지 않는 것 같습니다. 책 선택도 같습니다. 스스로 선택한 후 평가하고 반성하는 것은 어떤 책이 좋은 책인지 알아보는 눈을 키워줍니다. 이런 아이들은 학년이 올라가면 자신이 읽고 싶고 도움이 되는 책을 선택하여 좋은 독서를 해나갑니다.

도무지 자기 수준에 맞는 책을 고르기 어려워한다면 다음 방법을 통해 조력자의 역할을 해주세요.

그림책을 고를 거라면 다섯 손가락을, 글밥이 많은 책을 고를 거라면 열 손가락을 펴서 모르는 단어가 나올 때마다 접습니다. 손가락을 아예 안 접거나 너무 적게 접었다면 아이에게 너무 쉬운 책이고, 손가락을 모두 접었다면 아이에게 어려운 책입니다. 모르는 단어는 글 전체의 10~20% 정도가 알맞습니다. 읽기 전략을 활용하여 글의 내용을 이해할 수 있는 수준으로 보면 됩니다.

그렇다면 아이가 제 수준을 벗어나는 책을 읽는 것은 아무 소용이 없을까요? 제가 보고 들은 바로는 아이마다 다릅니다. 자기 의지에 의한 독서가 아닌 경우에는 중도에 읽기를 포기하거나 쉽게 흥미를 잃었습니다. 자기 의지에 의한 독서인 경우에는 끈질기게 읽는 아이가 많았습니다. 책 내용을 다 소화한 건 아니지만 대략적인 흐름은 이해하고 있었습니다. 끙끙대며 끝까지 읽어내는 독서 경험이 있는 아이는 못 읽을 책이 없습니다. 워런 버핏Warren Buffett도 아버지 서가에 있던 주식 관련 책과 창업 관련 책을 8살 때부터 읽기 시작하여, 11살 때 직접 주식 투자를 했다고 합니다.

### ■ 한 분야의 책만 계속 읽어도 괜찮을까? ■

유전적 요인이든 환경적 요인이든 누구나 관심 가는 분야가 있기 마련입니다. 그러다 보니 책을 고를 때 한정된 분야의 책만 읽는 아이가 있습니다. 이러한 독서 편식을 두고 걱정하는 부모가 많은데 사실 매우 자연스러운 현상입니다. 학년이 올라갈수록 내용을 더 깊이 있게 보려 하면서 독서 편식은 더 심해집니다. 아이가 같은 책 혹은 한정된 분야의 책만 계속 읽는다면 아직 그 책에 재밌는 것, 흡수할 것이 남았다고 생각하면 됩니다. **부모의 역할은 아이의 독서 편식을 막는 것이 아니라 아이의 관심 분야를 발견하고 이해하는 것입니다.**

**아이가 몰입하는 분야가 있다면 내버려 두는 편이 좋습니다.** 이는 한 분야에 대한 깊은 이해와 성찰을 얻을 수 있어 오히려 권장할 만한 독서입니다. 독서의 진정한 즐거움은 한 분야에 대한 깊은 연구와 배움을 통해 얻는 것입니다.

부모는 아이가 다양한 분야에 두루두루 관심을 가지면 좋겠다고 생각합니다. 그러나 특정 분야에 관심이 있는 아이는 몰입할 대상이 있는 것과 같습니다. 그리고 이렇게 호기심이 충족될 때까지 몰입하는 아이는 다른 분야로 관심사가 옮겨가면 같은 집중력을 보입니다.

아이는 어느 정도 시간이 지나면 영역을 확장하거나 다른 분야로 눈길을 돌립니다. 그 기간은 일주일이 될 수도 있고, 한 달 또는 1년일 수도 있습니다. 읽을 만큼 충분히 읽어내는 아이는 고려 시대 역사책에서 시작한 독서를 조선과 근현대사까지 잇기도 하고, 지리, 경제, 정치, 음악, 과학 등과 융합하기도 합니다. 꼬리에 꼬리를 물고 분야를 이어가며 끊임없이 독서를 합니다.

**부모는 그 시기를 지켜봐 주거나 아이의 관심을 확장할 자료를 슬그머니 제시하면 됩니다.** 아이가 몰입하고 있는 분야 중 수준에 맞는 책을 아이의 눈길이 닿을 곳에 두어 보세요. 더 어려운 읽을거리나 유익한 영상을 함께 볼 수도 있습니다.

좋아하는 일에 지속적으로 빠져들 때 도달할 수 있는 수준은 예상을 뛰어넘습니다. 그렇다고 우리 아이가 역사 천재인가 싶어서 앞서나가지 않으셨으면 합니다. 일시적인 관심에 불과할 수 있으며, 부모의 지나친 관심이 아이에게 심리적 압박을 줄 수 있습니다.

절대적인 기준이 없다는 점에서 독서 교육은 어렵고 정답이 없습니다. 아이들의 호기심과 흥미가 저마다 다름을 알고, 내 아이가 좋아하는 책이 바로 아이의 필독서가 되어야 합니다. 아이에게 내 관심사와 내 생각이 책 선정에 중요한 역할을 한다는 것을 알려주세요. 부모는 아이가 알맞은 책을 고를 수 있도록 조력자 정도의 역할을 하며 아이의 책 선정과 독서 취향을 존중해 주면 좋겠습니다. 이러한 경험의 축적은 아이들이 자신과 맞는 책과 안 맞는 책을 고를 줄 아는 안목을 기르는 데 도움을 주고, 앞으로 현명한 독서 생활을 해나가도록 돕는 자양분이 됩니다.

### 1. 만화책을 읽는 것도 괜찮을까요?

독해가 잘 되는 내용이라면 텍스트 중심의 책이 좋지만, 어려워한다면 만화책으로 시작해도 좋습니다. 만화책의 장점은 어려운 내용을 쉽고 재미있게 볼 수 있다는 것입니다. 만화책에서 익힌 읽기 경험과 배경지식은 줄글 책 읽기를 위한 교량 역할을 합니다. 하지만 만화적인 재미에 치중하고 짧은 글과 이미지에 익숙해질 경우 대충 읽는 습관이 들 수 있습니다. 또한, 만화책만 읽어서는 문해력을 높은 수준으로 키울 수 없습니다. 학습 만화를 통해 독서에 관심을 키우고 전체적인 내용을 파악했다면 줄글을 읽도록 해주어야 합니다.

### 2. 권장 도서는 꼭 읽혀야 하나요?

필독 도서, 권장 도서가 우리 아이에게 가장 좋은 책은 아닙니다. 연령에 맞는 책을 고르는 가이드로 삼되, 내 아이의 정서적 수준과 관심사에 맞는 책을 골라야 합니다. 그리고 그 주도권은 아이에게 있어야 합니다. 부모가 권장할 수는 있지만, 강요는 하지 않아야 합니다. 추천 목록을 기준으로 아이들이 읽는 책을 통제하고 아이의 독서 생활을 주도하려는 순간 문제가 됩니다.

### 3. 집에 전집을 구비해야 할까요?

전집은 한 번에 많은 책을 제공할 수 있는 장점이 있습니다. 특히 인물, 과학, 역사 등의 분야에서 사랑받고 있지요. 부정적인 시각도 있지만, 다음 두 가지 유의 사항을 지키면 유용한 자산이 될 수 있습니다. 첫째, 거금을 들여 산 책이라고 하여 아이에게 읽기를 강요하지 않아야 합니다. 전집은 존재만으로 위압감이 느껴지고 부담을 줄 수 있습니다. 관심 있는 분야의 전집을 사주는 것도 방법입니다. 둘째, 전집을 사주었어도 아이가 원하는 책을 사주고 함께 읽어야 합니다. 책 읽기는 아이가 선택한 책으로 꾸준히 진행되어야 합니다.

# 독서를 즐기는 아이로
# 만드는 비법이 있다

"우리 아이는 책을 읽으라고 해도 안 읽어요.", "어릴 때는 책을
잘 읽더니 점점 안 읽어요." 학부모 상담 때 꼭 듣는 하소연입니다.
부모는 아이가 책을 읽기 시작한 이래로 쭉 독서를 즐기기를 바랍
니다. 하지만 3학년부터 슬슬 책에서 손을 떼는 아이들이 생기는 게
현실입니다. 5학년이 되면 아주 소수의 아이만 참된 독자로 남고요.
우리의 기대와 달리 지속해서 책 읽기를 즐기는 아이가 드뭅니다.
그렇다면 부모는 어떻게 아이가 독서를 지속하고 책을 좋아하는 아
이로 성장하게 할까요? 다음 소개하는 비법을 통해 아이에게 좋은
독서 환경을 만들어 주세요.

■ 비법 1. 책 읽는 환경 만들기 ■

분석심리학의 기초를 닦은 칼 융 Carl Gustav Jung 은 "아이들은 어른

의 말을 듣는 것보다 어른의 행동을 통해 교육받는다."라고 하였습니다. 그러므로 **아이가 책 읽기를 즐기길 바란다면 부모가 먼저 책을 읽어야 합니다.** 아이는 부모의 모습을 본보기로 삼아 행동을 모방합니다. 부모가 시간이 날 때 하는 행동이 아이가 시간이 날 때 하는 행동이 되고, 부모의 읽기 습관은 아이의 읽기 습관이 됩니다. 스마트폰이나 텔레비전을 과하게 시청하는 부모의 모습을 보고 자란 아이가 책을 좋아할 리는 없습니다. 책과 별로 친하지 않은 분이라면 아이와 같은 책을 읽거나 자녀 교육서 읽기를 추천합니다.

**책이 가득한 공간에서 읽고 싶은 책을 고르는 것은 즐거운 독서 경험이 됩니다.** 도서관이나 서점에 나가 책을 읽고, 즐기고, 사는 경험을 제공해 주세요. 아이는 그곳에서 관심 분야나 좋아하는 책을 찾게 되며, 책을 즐기는 문화를 당연하게 받아들이게 됩니다. 그리고 결국에는 읽고 싶은 책을 직접 고르게 됩니다. 평소 도서관과 서점을 자주 이용하는 아이는 학교 도서관도 잘 이용합니다.

**아이가 독서에 관심이 없다면 곳곳에 책을 두면 좋습니다.** 집 안 책꽂이뿐 아니라 화장실, 거실, 침실 곳곳에 책바구니를 이용해 책 표지가 보이게 두면 됩니다.

《문해력 유치원》의 저자 최나야 교수는 "어른들이 보기엔 깔끔하게 정리된 게 좋아 보이지만, 책이 여기저기 널려 있을수록 아이들이 책에 관심을 가질 기회가 늘어난다."라고 하였습니다. 또 그 주변에 편하게 책 읽을 공간을 조성하여 독서를 지속할 수 있게 해야 합니다. 학교에서도 틈틈이 책을 읽을 수 있도록 책가방에 책을 한 권 챙겨 다녀도 좋습니다.

**아이가 책 읽는 즐거움을 알고 자발적으로 독서할 때까지는 독서 환경을 유지해야 합니다.** 독서하는 부모가 되는 것, 도서관이나 서점에 나들이 가는 것, 책 바구니 놓기 모두 한두 번은 쉽습니다. 문제는 부모로서는 먹고사는 문제를 해결할 시간과 열정이 빠듯하다는 것입니다. 아무리 근사한 계획이어도 실천하지 않으면 소용이 없습니다. 아이와 함께 꾸준히 실천하고, 지켜보고, 점검하며 책 읽는 환경을 지속하세요. 짧은 시간이라도 매일 하는 게 좋습니다.

### 💬 해보기 | 권 수 제한하기

책을 구입할 액수나 권 수를 정해 책을 고르게 하면 아이들은 선택의 기로에 섭니다. 소중함은 유한성과 결핍에서 오는 법이죠. 아이는 책을 몇 권만 골라야 한다는 사실만으로도 신중해지고 책임감을 느낍니다. 마치 마트에서 하나만 살 수 있는 장난감을 고르듯 책을 고를 것입니다. 책 고르는 시간은 충분히 주는 게 좋습니다.

### ▪ 비법 2. 책을 읽고 싶게 하기 ▪

독서 환경에 자주 노출된다고 모든 것이 해결되지는 않습니다. 아이들이 책을 자발적으로 읽게 하려면 다른 요소가 더 필요합니다. **바로 아이 스스로 책 읽기의 유용성을 깨닫게끔 하는 것입니다.**

많은 아이가 책을 읽어도 좋은 점을 모르기 때문에 안 읽습니다. 그러므로 생활에서 읽기를 활용하는 모습을 보여줌으로써 일상생활에서 문자언어가 의사소통의 도구로 쓰이고 있다는 것을 알게 해주어야 합니다. 새로 산 보드게임 설명서, 안내문, 광고 전단, 신문 기사, 복약지도서 등을 활용해 보세요. 부모와 함께 레시피를 읽고 직접 요리해 보는 것도 좋습니다.

**부모는 아이의 호기심, 의욕, 성취감을 칭찬하며 독서 활동을 격려해야 합니다.** 아이의 성격과 관심 분야를 세밀하게 살펴서 독서의 세계로 유혹해야 합니다. 책 한 권을 끝까지 읽어내지 못하고 다른 책을 찾으며 들락날락하는 아이도 좋아하는 분야의 책을 골라주면 열심히 읽습니다.

아이는 자기가 책을 잘 읽고 있는지를 부모의 반응을 통해 파악합니다. 아이가 책을 읽으려고 애쓴 노력을 칭찬하고, 책의 내용에 대해 이야기 나누고 공감해 주세요. 초등학교 때는 책을 재미있게 읽으면서 책 읽기 습관을 들이는 것에 집중하여야 합니다.

**아이가 책을 꾸준히 읽길 원한다면 책 읽기가 긍정적인 경험이어야 합니다.** 아이에게 책을 읽어줘 보세요. 아이와 눈을 맞추고, 아이를 안아주고, 손을 잡는다면 친밀하고 편안한 느낌을 줄 수 있습니다. 초등학교 1학년 때는 함께 소리 내어 읽다가 학년이 올라가면 아이가 읽는 비중을 늘려 번갈아 읽으면 좋습니다.

읽어주기를 졸업하고 싶은 부모들은 아이가 혼자서 책을 읽기를 은근히 기대하겠지만, **책은 아이가 읽어달라고 할 때까지 그저 읽어주는 게 좋습니다.** 듣기와 읽기 능력에 관한 연구를 살펴보면, 초등학생들은 청지각에 많이 의존하는 것을 알 수 있습니다. 초등학교 저학년 때는 읽을 때보다 들을 때 훨씬 이해를 잘하다가 고학년 때 읽기와 듣기가 비슷한 수준이 되고, 중학교 2학년이 되어야 읽기가 듣기를 앞서는 것으로 나타났습니다.[19]

아이에게 책을 전부 읽어주지 않아도 됩니다. 아이가 소화하는 정도의 분량만 읽어주세요. 남자아이라면 아버지가 읽어주는 게 좋습니다. 남자아이가 가장 닮고 싶은 모델은 아버지이기 때문입니다.

### ▪ 비법 3. 방해물 제거하기 ▪

책을 읽지 않으려는 이유는 아이마다 다릅니다. 초등학생이 책을 읽지 않는 이유를 조사한 연구를 살펴보면 '스마트폰의 사용'과 '독후감 쓰기 등의 독후 활동'이 1, 2위를 다툽니다. '시간이 없어서', '읽어야 하는 이유를 몰라서' 등이 뒤를 잇습니다. 아이가 책 읽기에 흥미가 없다면 그 이유를 찾아보고 문제를 해결한 다음에 책 읽기를 권해야 합니다. 아이의 책 읽기를 방해하는 대표적인 요인들을 살펴보겠습니다.

**요즘 책 읽기의 최대 적은 부족한 시간입니다.** 아이들은 빡빡한 학원 일정과 스마트폰 및 인터넷 게임으로 바쁩니다. 이는 아이의 하루를 다 장악해 버리고 책이 들어갈 틈을 남겨주지 않습니다. 특히, 영상 시청이나 게임은 아이를 강한 자극에 익숙해지도록 만듭니다. 인지적 끈기가 필요한 책 읽기에서 더욱 멀어지는 길입니다. 한 방향으로 생각을 주입하므로 생각할 수 있는 두뇌의 힘을 잃게 합니다. 그러므로 방해 요소를 어느 정도 제한하여 독서 시간을 확보하세요. 가정에서 노력할 수 있는 부분입니다.

**독후 활동도 순수한 독서 활동에 부담을 주고 흥미를 떨어뜨립니다.** 대부분 과제나 강요 형식으로 이루어지기 때문입니다. 독서의 질을 높이기 위해 하는 독후 활동이 오히려 독서를 방해하는 꼴입니다. 참고로 요즘에는 학교에서도 독서 자체에 비중을 두어 독후감을 강요하지 않거나 한두 줄 정도의 간단한 생각 적기로 진행하기도 합니다. 독후 활동은 필수가 아닙니다. 책은 그냥 읽는 것 자체로도 의미가 있습니다.

**책 읽기를 강요하는 분위기도 방해 요인입니다.** 요즘에는 책 읽기를 필수로 생각해 외적 보상을 하는 부모도 많습니다. 그러나 외적 보상은 보여주기식, 넘어가기식 독서를 하게 합니다. 독서에 "책 읽으면 영상 보게 해줄게."처럼 달콤한 보상이 결합하면 아이는 독서를 꾹 참고 해야 하는 일로 인식하게 됩니다. 보상은 꼭 필요한 경우에 최소한으로 제공하고, 행동을 강화하고 싶다면 "책 읽으면 원하는 책 더 사줄게."처럼 행동 자체로 제시하는 게 좋습니다.

읽기를 배우면서 읽기를 즐기지 못하는 현실이 안타깝습니다. 책 읽는 습관을 들이는 가장 중요한 시기인 초등학교 때는 부모의 노력이 절실합니다. 아이가 책을 읽고 싶고 즐길 수 있는 환경을 만들어 주세요. 부모가 먼저 책을 읽고 함께 도서관에 다니며, 아이의 독서 활동을 적극적으로 격려하세요. 아이에게 독서의 필요성만 내세우면서 일방적으로 독서를 강요한 것은 아닌지 되돌아보시길 바랍니다.

# 읽어도 내용을 모르는
# 우리 아이

많은 사람이 독서를 그저 글자를 읽는 것으로 생각합니다. 그러나 읽기에는 정교한 사고 과정이 필요하며, 그 과정은 학년이 올라갈수록 어려워집니다.

읽기는 능동적인 행위입니다. 수업 시간에 앉아 있다고 모두 수업을 들으며 이해하는 것이 아니듯 책을 읽는다고 앉아 있다고 해서 모두 제대로 읽는 건 아닙니다. 우리는 간혹 이렇게 읽고도 내용을 모르는 아이를 문해력이 부족하다고 간주합니다. 그러나 읽어도 내용을 모르는 데는 다양한 이유가 있으며 이에 대한 적절한 대처가 필요합니다.

■ *어떻게 읽는 것이 제대로 읽는 것일까?* ■

제대로 읽는 것이 무엇인지 설명하기에 앞서 제가 만난 한 아이

이야기를 하려고 합니다. 자발적으로 독서를 하던 유노는 책을 빨리 읽는 편이었습니다. 책을 순식간에 읽고는 새 책을 꺼내길래 슬쩍 다가가 책 내용을 물어보았습니다. 그런데 유노가 말하는 내용이 뭔가 어색하고 빠진 듯한 느낌이 들었습니다. 확인해 보니 유노는 페이지를 두 장이나 넘겼더군요. 유노는 그제야 "어…?" 하며 다시 앞 장을 펼쳐 읽기 시작했습니다. 대충 훑어 읽다 보니 페이지가 두 장이나 넘어간 걸 눈치채지 못한 것입니다.

많은 부모가 아이의 이런 읽기 전략에 속아 넘어갑니다. 세밀하게 관찰하지 않으면 알 수 없는 일입니다.

언어심리학자 프랭크 스미스 Frank Smith 는 저서 《읽기의 이해》에서 "진정한 읽기는 글과 눈 사이에서 일어나는 게 아니라 독자의 머릿속에서 이루어진다."[20]라고 했습니다. **진정한 읽기란 단순히 글을 눈으로 읽는 것이 아닌, 텍스트의 정보와 자신의 배경지식을 연결하여 독자의 내면과 상호 작용하는 과정임을 의미합니다.** 이러한 과정을 거치지 않는 아이는 책을 많이 읽더라도 방금 읽은 내용을 제대로 이해하지 못합니다. 심지어 글의 전체 흐름이나 주제를 마음대로 바꾸어 생각해 놓고는 생각하기 나름이라며 창의성을 운운하기도 합니다.

전통적 읽기 모델에 따른 읽기의 과정은 총 4단계를 거칩니다. 단어의 의미를 파악하고 문장의 구조를 이해하는 '사전적 이해' 단계, 글의 내용을 이해하고 문맥을 파악하는 '내용 이해' 단계, 글의 주장과 논리를 분석하고 비판적으로 평가하는 '해석과 해석의 평가' 단계, 글의 주제와 목적을 파악하며 전체적인 의미를 이해하는 '종합적 이해' 단계입니다. 그리고 이 단계별 읽기 과정은 문해력 수준에 따라 격차가 벌어집니다. 앞 단계에 능숙하지 못하다고 이후 단계가 전혀 일어나지 않는 것은 아니지만, 확실히 제약이 생깁니다.

**제대로 된 읽기를 위해서는 언어 지식, 배경지식, 올바른 읽기 습관이 필요합니다.** 언어 지식은 단어의 의미, 문법, 구문, 문장의 구조 등을 알고 책의 내용을 효과적으로 이해하게 합니다. 그리고 배경지식은 책과 관련된 개념과 배경을 알고 이를 글의 내용과 연결하여 쉽고 풍부하게 이해하게 합니다. 올바른 읽기 습관은 주의를 집중하여 책의 내용에 집중하도록 하고, 아이는 글과 상호 작용하면서 읽기에 몰입하게 되고 깊게 읽기를 경험하게 됩니다. 위 요소들은 꾸준한 연습과 다양한 독서 경험을 통해 발전시킬 수 있는 부분입니다.

### ▪ *왜 읽어도 내용을 모를까?* ▪

많은 부모가 책이 한글로 쓰여있으니 아이들에게 책 읽는 것을 가르칠 필요가 없다고 생각합니다. 하지만 소리 읽기와 의미 읽기는 엄연히 다릅니다.

책 읽기에 어려움을 겪는 아이들은 막연하게 "어려워, 모르겠어."라고 합니다. 이럴 때는 정확히 무엇을 모르는지 물어봐야 합니다. 제대로 읽기는 내가 무엇을 모르는지를 아는 데서 시작하기 때문입니다. 무엇을 모르는지조차 모르는 아이에게서는 개선할 방법을 찾을 수 없습니다.

이 장에서는 읽어도 내용을 모르는 이유를 언어적 지식과 배경지식의 부족, 내용 통합의 어려움, 잘못된 읽기 습관의 고착으로 나누어 살펴보겠습니다.

**언어 지식과 배경지식이 부족하면 글을 읽어도 이해하지 못합니다.** 언어 지식이 부족하면 책에 나오는 단어의 의미를 이해하지 못하니 문맥도 이해하지 못합니다. 문장 구조와 문법 규칙을 모르니 문장의 의미를 해석하는 데 오류가 있기도 합니다. 그리고 배경지식이 부족하면 글에서 제시된 사건, 인물, 장소 등에 관해 알지 못해 내용을 추론하지 못하며, 상식적인 사실도 파악하지 못해 큰 혼란을 느낍니다. 언어 지식과 배경지식이 부족한 아이는 단어 해독에 온 지적 능력을 써 버리기 때문에 내용 파악을 어려워합니다.

**언어 지식과 배경지식을 갖추었는데도 내용을 이해하지 못한다면, 읽은 것을 통합해 의미로 만드는 능력이 부족해서입니다.** 이러한 아이는 글이 조금만 길어져도 읽기가 어렵다고 토로합니다.

나열된 단어를 모두 읽으면 텍스트를 이해할 수 있다고 생각하겠지만, 내용 이해에는 의미 구성이 필수입니다. 읽는다는 것은 생각한다는 것이며 의미를 구축하는 것입니다. 단순히 단어를 읽어내는 수준을 넘어 글에 제시된 단서들을 토대로 내용을 재구성할 수 있어야 합니다.

잘못된 읽기 경험으로 '대충 읽는 습관'이 고착한 아이도 글을 잘 이해하지 못합니다. 이런 아이는 모르는 것을 깊이 이해하려 하지 않고, 미처 이해하지 못한 부분을 그냥 넘어가거나 지어내기도 합니다. 잘 알고 있다고 착각하기도 하고요. 주로 핵심 줄거리만 담긴 영상에 익숙한 아이, 어려운 내용을 풀어서 친절하게 설명해 주는 부모를 둔 아이, 정해진 시간에 정해진 권 수를 읽는 식으로 독서를 해온 아이가 이런 모습을 보입니다.

### ▪ 제대로 읽으려면 어떻게 해야 할까? ▪

언어 지식과 배경지식이 부족한 아이에게는 책을 읽어주거나 책을 소리 내어 읽도록 하면 좋습니다. 책 읽어주기를 통한 독서는 아이가 직접 읽어서 이해할 수 있는 수준보다 더 높은 수준을 이해할 수 있게 합니다. 또 직접 소리 내어 읽으면 몸의 여러 기관을 동시에 움직여 뇌가 활성화됩니다. 눈으로만 글을 읽을 때보다 읽은 내용을 더 쉽게, 더 오래 기억합니다. 큰 소리로 읽는 연습을 꾸준히 하면 글자와 소리의 대응 관계에도 익숙해집니다. 소리 내어 읽기를 통해 읽기 유창성을 기른 아이는 해독에 쓰는 정신 에너지를 줄여 내용 이해에 할애할 수 있습니다.

읽은 내용을 통합해 의미를 구성하는 작업을 어려워하는 아이에

**게는 다양한 읽기 전략을 사용해야 합니다.** 먼저 책을 읽기 전에 차례를 펼쳐서 책의 구성을 살피도록 하세요. 그리고 책의 수준과 주제에 따라 읽는 속도를 조절해 줍니다. 내용이 어렵거나 깊은 이해가 필요한 글은 천천히 읽도록, 빨리 읽어야 구조화되는 글이라면 조금 빠르게 읽도록 합니다. 그래도 핵심 내용을 파악하지 못한다면 자주 나오는 단어를 찾도록 합니다. 복잡한 문장을 잘 이해하지 못한다면 주어와 동사를 먼저 찾은 뒤 이를 보충하는 부분을 찾도록 할 수 있습니다.

**대충 읽는 습관이 든 아이에게는 책 읽는 과정을 보여주어야 합니다.** 아이와 함께 책을 읽다가 드는 생각을 메모해 보세요. 책을 읽으면서 생각하는 과정을 아이에게 보여줄 수 있습니다. 책을 읽다가 마주친 장애물을 어떻게 넘기는지도 보여줄 수 있습니다. 아이는 한 사람의 독자가 어떻게 텍스트와 소통하는지 직접 보아야 합니다. 독자가 다양한 방식으로 책과 소통하는 과정을 알게 되면서 대충 읽는 습관이 획기적으로 개선됩니다.

**필요하다면 내용 이해력을 기르기 위한 문해력 문제집을 활용해도 됩니다.** 단, 아이들의 문해력 수준을 고려하여 적절한 시기에 풀리도록 하세요. 아직 독서 습관이 들지 않았거나 문해력이 낮은 아이에게는 문제집을 추천하지 않습니다. 이런 아이라면 온전한 텍스트가 실려 있는 그림책과 동화책으로 3개월 이상 독서하길 권합니다. 문제집은 문해력을 어느 정도 다진 후 자신의 읽기 능력을 객관적으로 평가하고, 부족한 부분을 파악해 보충할 수 있을 때 활용합니다.

　문해력 격차를 해소할 적절한 시기를 놓치지 않으려면 우리 아이가 가짜 독서를 하고 있지는 않은지 확인해 보아야 합니다. 아이들은 언어 지식과 배경지식이 부족하거나 내용 통합을 어려워하거나 잘못된 읽기 습관의 고착으로 인해 읽기 어려움을 겪고 있습니다. 제대로 읽기 위한 다양한 방법을 통해 우리 아이가 제대로 된 독서를 할 수 있도록 도와주시길 바랍니다.

# 독서는 하면 할수록
# 잘하게 된다

'책 좀 읽어 볼까?' 하는 마음으로 책을 펼쳤지만 좀처럼 집중하지 못하고 글씨가 둥둥 떠다닌다고 말하는 아이들이 있습니다. 독서가 익숙하지 않기 때문입니다. 누적된 배경지식과 읽기 전략이 부족하면 독서는 쉽지 않습니다. 그러나 독서는 경험을 통해 발전하는 활동이므로 하면 할수록 더 잘하게 됩니다.

독서를 통한 뇌의 변화와 독서를 하면서 누적되는 배경지식 및 독서 방법들이 아이의 독서 생활에 긍정적 영향을 줍니다.

### ■ 능숙한 독서가의 뇌 ■

마인드맵의 창시자 토니 부잔Tony Buzan은 "뇌는 무한한 가능성을 갖고 있으며, 우리가 선택하는 방식에 따라 모양이 결정된다."라고 하였습니다. 뇌는 환경과 상호 작용하며 계속해서 변화하고 재조정

할 수 있는 유연성을 가지고 있습니다. 이를 '뇌 가소성'이라고 합니다. 즉, 뇌에 지속적인 읽기 활동을 제공하면 뇌는 읽기 환경에 익숙해지도록 변화합니다. 처음에는 어렵던 독서가 하면 할수록 더 잘하게 되는 이유입니다.

**독서를 통해 뇌 가소성을 최대한 활용해야 합니다.** 독서는 다양한 정보가 포함된 텍스트를 읽는 과정에서 뇌를 자극하여 뇌의 능력을 향상시킵니다. 또 새로운 정보를 습득하고, 습득한 정보를 기존 지식과 연결하여 뇌 속에 새로운 신경을 만들고, 정보를 저장하고 처리하는 데 필요한 영역을 강화합니다. 독서를 통해 이러한 인지 능력이 발전하면, 다른 읽기 영역에도 더 나은 성과를 얻을 수 있습니다. 독서는 뇌를 활발하게 유지하고 발전시키는 데 도움이 되며 글을 읽을 때보다 깊이 있는 사고를 가능하게 합니다.

**능숙한 독서가의 뇌는 읽기 과정을 처리하는 프로그램과 같습니다.** 책을 많이 읽는 사람은 글자 자체를 이해하는 데 필요한 인지 과정을 자동화해 신속하게 수행합니다. 글자를 읽는 뇌의 부담을 줄임으로써 인지 기능을 포함한 다양한 뇌 영역을 활성화합니다. 이들의 뇌는 책을 읽는 동안 복잡하고 추상적인 사고를 합니다. 이미 알고 있는 사전 지식과 책에서 읽은 내용을 연결하고 관계를 유추합니다. 이 과정에 필요한 뇌 부위를 선택적으로 활용합니다.

그러나 초보 독서가의 뇌는 읽기 과정을 하나하나 직접 처리하는 노동자의 뇌와 같습니다. 평소 독서를 많이 하지 않는 사람은 책을 읽을 때 글자 자체를 파악하기 위해 뇌를 많이 사용합니다. 시각 피질에서 글자의 형태, 모양 등을 인지하고 글자를 인식하다 보니 읽는 속도가 상대적으로 느립니다. 가독성을 높이기 위해 글자를 하나하나 따라 읽기도 합니다. 이는 모두 내용 파악이 어려워지며 독서를 지속하기 어려운 형태입니다.

### ▪ 독서로 자란 배경지식이 독서를 더 잘하게 한다 ▪

'큰 무, 곡식을 까부르는 키, 돌, 절굿공이, 절구통, 평상, 밧줄'을 하나의 단어로 설명할 수 있을까요? 아무리 생각해도 잘 떠오르지 않을 것입니다. 하지만 여기에 배경지식 하나만 톡 얹어주면 모든 게 마법같이 구조화됩니다. 바로 코끼리입니다. 위 내용이 코끼리에 관한 것이라는 걸 알게 되면 코끼리의 생김새에 관한 옛이야기라는 배경지식이 가동합니다. 그리고 '절구통이라고 한 사람은 코끼리의 다리를 만졌나 보다.'라고 생각하고, '아! 장님이 코끼리를 만지고 각각 다르게 설명한 그 이야기! 군맹무상!'까지도 연결해 냅니다. 의미를 추측하고 재구성해 주는 것, 이것이 바로 배경지식의 힘입니다.

**독서를 하면 배경지식이 쌓입니다.** 아이는 책을 읽으면서 다양한 주제와 시대를 다루는 내용을 접하고 그 내용을 통해 지식을 얻습니다. 역사 소설을 읽으면 해당 소설에서 다루는 시대적 배경에 대한 지식을 얻을 수 있고, 태양계에 관련된 책을 읽으면 우주에 대한 이해가 높아질 것입니다. 미국 국립교육통계원에서 학생들의 독서 활동과 지식수준의 관계를 조사한 결과에 따르면, 독서 활동이 문학적 지식, 역사적 지식, 과학적 지식의 습득과 이해에 긍정적 영향을 미쳤다고 합니다.

이렇게 쌓인 배경지식은 아이를 능숙한 독서가로 만들어 줍니다. 배경지식이 충분한 아이는 책에서 새롭게 얻은 지식을 이미 알고 있는 지식에 연결하여 이해합니다. 연결이 구체적일수록 감정이입과 추론이 쉬워지며, 하나의 연결에 여러 사고 과정이 일어나 사고가 확장됩니다. 능숙한 독서가는 어떤 책을 읽든 텍스트의 이해에 도움이 되는 지식을 활용합니다. 배경지식을 기반으로 새로운 지식을 습득하고 이해함으로써 깊이 있는 읽기를 할 수 있습니다.

**배경지식이 풍부하면 추론과 예측이 쉽습니다.** 책에는 독자가 충분히 알고 있을 상식이라 생각해 작가가 의도적으로 생략한 정보들이 있습니다. 그래서 필요한 능력이 바로 추론입니다. 아이는 배경지식을 활용해 글의 내용을 파악해 나갑니다. 이때 능숙한 독서가는 내용을 계속 추론하며 '이런 상황에서는 이렇게 되더라.' 혹은 '시대적 환경에 따르면 이렇게 사건이 진행되겠군.'이라고 예측함으로써 지각 속도를 앞당깁니다. 문맥을 고려한 추론과 예측을 통해 글의 흐름을 정확하게 이해합니다.

### ■ 다양한 독서법을 활용하면 독서를 더 잘하게 된다 ■

독서를 많이 하고 어느 정도 문해력을 갖춘 아이들은 능동적으로 독서하며, 자신의 읽기 능력을 높여주는 환경을 선택하고 불러옵니다. 주제 연결하여 읽기, 엮어 읽기, 정독과 다독 등의 적절한 독서 방법을 활용하는 것입니다. 아래 소개하는 내용은 능숙한 독서가들이 활용하는 방법으로 아이의 수준에 적절한 경우에만 추천해 주시길 바랍니다.

**능숙한 독서가는 '주제 연결하여 읽기'와 '엮어 읽기'를 활용합니다.** 주제 연결하여 읽기는 비슷한 주제의 책들을 연속해서 읽는 것입니다. 주제에 대한 폭넓은 이해를 도모하고 한 주제를 깊이 있게 탐구하여 전문 지식을 확장하는 데 도움이 됩니다. 깊이 있는 지식과 통찰력 개발에 탁월한 방법이기도 합니다. 우주여행을 다룬 책을 읽고 나서 우주여행의 미래와 가능성을 다룬 책까지 읽어 그 전망과 영향을 이해하는 것이 그 예입니다.

엮어 읽기는 다양한 책을 읽으며 책끼리의 관련성과 유사성을 파악하는 읽기 방법입니다. 책들 사이의 연결점을 찾거나 비교 분석하여 다양한 지식을 종합적으로 이해할 수 있습니다. 엮어 읽기는 다양한 시각과 관점, 상호 보완적인 지식을 확장하게 합니다. 깊이 있는 비교와 분석을 통해 비판적 사고력을 기르는 데도 탁월합니다. 우주여행을 다룬 책과 지구 생태계와 보전에 관한 책을 동시에 읽으며 우주여행이 지구 생태계와 인간의 삶에 미치는 영향을 이해하는 것이 그 예입니다.

능숙한 독서가는 글에 따라 정독과 다독을 선택하여 읽습니다. 정독은 깊이 있는 이해와 분석을 요구하는 방식입니다. 책의 내용을 심도 있게 이해해야 하거나 어려운 부분의 의미를 파악해야 할 때 사용합니다. 문학 작품이나 정보성 글을 읽을 때는 정독을 추천합니다.

다독은 넓은 범위의 글을 빠르게 읽는 방식입니다. 전체적인 내용을 파악하고 주요 아이디어를 습득하는 데 초점을 맞춥니다. 글밥이 적은 그림책, 일상적인 글을 읽을 때 다독을 추천합니다. 어떤 방식을 선택할지는 글의 목적과 내용에 따라 결정하며, 필요에 따라 정독과 다독을 번갈아 사용할 수도 있습니다.

처음부터 쉽게 책을 읽는 사람은 드뭅니다. 그러나 읽기를 멈추지 않는다면 초보 독서가도 점점 독서에 유리한 뇌로 바꿔나갈 수 있습니다. 글자 읽는 과정을 자동화하면 책을 읽는 동안 다양한 사고 활동을 할 수 있게 됩니다. 독서로 쌓은 배경지식은 책과 연결되어 책의 내용을 더 쉽게 이해하게 돕습니다. 이러한 경험이 누적되면, 주제 연결하여 읽기와 엮어서 읽기를 통해 사고를 확장할 수도 있으며, 책의 성격에 따라 정독과 다독을 선택하여 독서를 즐길 수 있습니다. 결국, 독서는 독서를 낳습니다.

# 문해력을 높이는 독서법 1
## - 읽기 전 활동 -

책을 읽는다고 해서 무조건 문해력이 좋아지는 건 아닙니다. 많은 부모가 효과적인 독서 교육에 관해 고민하지만, 막상 시작하려면 막막함을 느낍니다. 이 장에서는 학교 현장에서의 독서 지도 방법과 독서 교육에 관한 연구를 바탕으로, 부모가 참고하기 좋은 읽기 전, 중, 후 활동을 다룹니다. 책에 대한 흥미를 불러일으키기에 적합한 활동이 많으니 참고하시길 바랍니다. 이 경험을 바탕으로 아이들은 스스로 독서 활동을 해나갈 것입니다.

### ▪동기유발이 먼저다▪

동기유발이란 활동이나 일에 대해 개인이 가지는 흥미, 의지, 욕구 등을 자극하여 활동이나 일의 참여와 집중을 촉진하는 것을 의미합니다. 독서 전 동기유발은 아이가 독서에 몰입하고 지속하는 데 도움이 되며, 독서 경험을 의미 있고 유익하게 합니다. 초등학생들을 대상으로 한 연구에 따르면 독서 전 동기유발이 독서 이해력 성장에 중요한 역할을 하며, 독서에 대한 관심과 흥미와 즐거움, 자기 효능감, 목표 지향 등이 학생들의 독서 성장과 연결되어 있다고 합니다.[20]

**아이의 관심과 흥미를 반영한 동기유발은 독서를 지속하게 합니다.** 동기유발의 첫걸음은 책 고르기입니다. 아이들이 자신의 관심과 호기심에 기반하여 책을 고르면 책을 읽고자 하는 동기가 향상됩니다.

동물에 흥미와 호기심을 느끼는 아이는 동물에 관한 책을 골라 읽는 것만으로도 충분한 독서 동기가 됩니다. 그 외에도 책에 대한 흥미와 호기심을 높일 수 있는 다양한 활동을 통해 독서에 대한 긍정적인 태도를 형성할 수 있습니다.

**자기 효능감을 높여주는 동기유발은 독서 자신감을 심어줍니다.** 자기 효능감은 독서에 대한 자신감을 유지하는 데 중요한 역할을 합니다. 부모는 아이에게 독서의 가치와 중요성을 강조하고, 누구나 독서를 할 수 있다는 믿음을 주어야 합니다. 독서를 즐기고 독서로 성취감을 느끼는 아이로 자랄 것입니다.

독서로 자기 효능감을 키운 아이들은 어려운 텍스트를 만나도 긍정적으로 생각하고, 독서에 대한 도전과 목표 설정을 즐깁니다.

**독서 목표를 제시해 주는 동기유발은 아이들이 적극적으로 독서 활동에 참여하도록 합니다.** 독서 목표에는 재미, 휴식, 자기 성장, 문학적 탐구, 인식 확장 등 여러 가지가 있습니다. 아이의 상황에 맞춰 이러한 독서 목표를 제시해 주세요. 목표가 생긴 아이들은 독서의 의미와 가치를 인식하고, 독서의 방향성을 구체적으로 설정해 노력하게 됩니다. 자발적인 독서 활동 참여 후에는 다음 읽을 책을 찾아 읽기도 합니다.

### ■ *읽기 전, 책을 살피며 호기심 키우기* ■

활동 1. 표지와 제목 살펴보기

본격적으로 책을 읽기 전에 책의 표지와 제목을 살펴보는 활동을 하면 책에 대한 흥미를 불러일으킵니다.

《소리 질러, 운동장》을 읽었다면 "표지에 뭐가 보이니?", "이 아이들은 왜 서로 떨어져 있을까?", "이 색깔은 무엇을 의미할까?", "여긴 장소가 어디일까?", "운동장에서 어떤 소리를 질렀을까?", "○○이 학교 운동장에서는 어떤 소리가 들리니?" 등을 묻고 아이의 답변에 꼬리를 무는 방식으로 자연스럽게 대화해 보세요. 아이의 호기심을 불러일으킬 수 있습니다. 책장은 표지에 담긴 내용을 충분히 느낀 뒤 넘기도록 합니다.

활동 2. 차례 살펴보기

차례를 살펴보는 활동은 책의 내용을 궁금하게 하고, 책이 다루는 주제와 내용 구성을 대략적으로 파악할 수 있게 합니다.

어떤 이야기가 펼쳐질지 내용을 예상해 보고, 이야기 만들기를 해도 좋습니다. 이때 중요한 것은 아이가 마음껏 상상하며 자기 생각을 표현할 수 있도록 경청하고 호응하는 일입니다. 또 엄마의 생각도 들려주세요. 아이는 미처 생각하지 못했던 다양한 관점을 접할 것입니다.

활동 3. 책의 일부분 살펴보기

책의 일부분 살펴보기도 책에 대한 호기심을 불러일으킵니다. 차례를 살필 때 관심 두었던 부분을 펼쳐 몇 줄 읽어보거나 빠르게 넘기면서 아무 쪽이나 펼쳐 읽기, 삽화만 살펴보며 관찰하기, 삽화를 통해 내용 예상해 보기 등의 활동을 할 수 있습니다. 내가 생각한 줄거리와 일치하면 더 궁금해지고, 일치하지 않으면 호기심이 생깁니다. 궁금한 점, 기대되는 점을 더 이야기해 볼 수도 있습니다.

활동 4. 요약 내용 읽기, 리뷰 참고하기

요약 내용이나 리뷰를 참고하면 책의 방향성을 찾고 기대하게 되며, 책에서 배울 점과 가치관 등을 찾을 수 있습니다. 요약 내용이나 리뷰는 책의 뒤표지, 인터넷 서점 후기, 블로그 서평을 활용하면 됩니다. 다른 사람의 의견을 듣고 책에 대한 호기심을 느끼는 것은 읽기를 더욱 즐겁게 합니다. 그냥 편하게 책을 읽고 싶어 하거나, 저학년이거나, 성향에 맞지 않는다면 추천하지 않습니다. 필요할 때 적절하게 활용하시길 바랍니다.

## ▪ 책 내용과 관련된 활동하기 ▪

앞서 제시된 '책을 살피며 책에 대한 호기심 키우기' 방법들이 너무 기본적이라고 느끼셨나요? 재미있고 주도적으로 읽기 전 활동을 하고 싶은 아이들에게는 다음 활동들을 추가하셔도 좋습니다. 주도적인 읽기 전 활동은 아이들이 생각과 감정을 표현하며 창의성을 발휘할 기회입니다. 아이들은 이를 통해 자기 생각과 상상력을 발전시킬 수 있습니다.

**'활동 1. 표지와 제목 살펴보기'에서 추가로 할 수 있는 활동은 책 제목으로 N 행시 지어보기입니다.** 책의 내용과 관련하여 N 행시를 지어보면 단어나 주제에 대해 다양하게 연상하고 아이디어를 내고 표현하게 됩니다. 제목을 보고 상상하면서 텍스트를 연결해야 하므로 독해 전략과 문맥 이해력을 향상하는 데 도움이 됩니다. 또한, 책을 재치 있고 흥미로운 방식으로 접하게 되면서 독서 동기를 높일 수 있습니다. 이 외에 책 제목과 관련한 경험 이야기하기, 표지 속 인물의 행동이나 표정 따라 하기, 표지를 보고 이야기 만들기, 질문 만들기 등의 활동을 추가할 수 있습니다.

3장 독서 - 문해력 향상

'활동 2. 차례 살펴보기'에서 추가로 할 수 있는 활동은 차례를 보고 이야기책 만들기입니다. 아이는 이야기를 상상하는 과정에서 글의 흐름을 예측하고 예상하게 됩니다. 책의 주제와 전개에 호기심을 느끼고 독서 흥미가 생기는 지점입니다. 여기에 이야기책을 만들어 보면서 자기만의 독특한 생각을 표현할 수 있습니다. 문학적 감성과 창의적 사고 함양에 도움이 되는 활동입니다. 이야기책을 만든 후 책을 읽으면 책의 전개에 몰입하는 환경이 조성됩니다.

'활동 3. 책의 일부분 살펴보기'에서 추가로 할 수 있는 활동은 책 속 단어로 빙고 게임 하기입니다. 책을 무작위로 펼쳐서 눈에 보이는 단어를 빙고 판에 채우는 활동은 책 곳곳을 맛보기 하는 기회가 됩니다. 한글이 미숙한 아이와 함께하거나, 글밥이 적은 책을 활용한다면 미리 단어를 채운 빙고 판을 주고 책 속에서 단어를 찾을 수 있게 해주세요. 아이들은 빙고에 나온 단어가 책에 나오면 무척 반가워합니다. 이해력 향상과 독서 자신감에 긍정적인 일입니다.

아직 책을 보고 즐길 준비가 안 되었는데 곧바로 독서를 시작하는 것은 부모와 아이 모두에게 도움이 되지 않습니다. 책에 대한 흥미와 호기심을 유발하여 아이의 책 읽기 시간을 즐거운 시간으로 만들어 주세요.

표지와 제목 살펴보기, 차례 살펴보기, 책의 일부분 살펴보기, 요약 내용 읽거나 리뷰 참고하기 등을 활용하여 아이가 책과 친해지면 독서 효과는 배가 됩니다. 필요시 제시한 추가 활동을 적절히 활용해 보세요. 적절한 독서 전 활동들은 독서에 대한 긍정적인 인식, 나아가 지속적인 독서 습관을 형성하는 데 큰 도움이 됩니다.

1. 책 속에서 중요하다고 생각되는 단어를 찾아 빙고 판을 채워 보세요.

| | | | | |
|---|---|---|---|---|
| | | | | |
| | | | | |
| | | | | |
| | | | | |
| | | | | |

2. 빙고 판 안의 단어 중 10개를 골라서 적어 보세요.

3. 위의 단어 10개가 모두 들어가도록 이야기를 만들어 보세요.

# 문해력을 높이는 독서법 2
## - 읽기 중 활동 -

　책만 읽으면 엉덩이가 들썩거리는 아이들이 있습니다. 일방향적인 책 읽기 방식이 재미없어서일 수도 있고, 아이의 성향이 동적이라 그럴 수도 있습니다. 아이와 책을 읽을 때 너무 가르치려고 하지 않았는지, 원하는 대답을 강요하지는 않았는지, 답이 정해져 있는 질문만 반복한 건 아닌지 되돌아보시길 바랍니다. 문해력은 책을 읽을 때 무엇을 해야 하는지 알고 그것을 능동적으로 수행할 때 길러집니다. 능동적 읽기 방법을 익힐 수 있도록 제시된 활동을 활용해 보세요. 책을 읽으며 노는 것을 경험할 수 있습니다.

### ■ 이해 전략 가르치기 ■

　책을 잘 이해한다는 것은 적절한 독서 전략을 활용할 수 있는 것을 의미합니다. 이런 아이에게는 다른 독자들이 무엇을 어떻게 읽어가는지 보여주는 것만으로도 성과가 있습니다. 물론 이해 전략을 가르치기 위해서 모든 부모가 독서 전문가, 읽기 고수일 필요는 없습니다. 그냥 독자로서 글을 읽는 동안 어떤 사고 과정이 일어나는지, 어떻게 의미 구성을 하게 되는지를 의식하면 됩니다. 그리고 그 요령을 아이에게 전달하면 됩니다. 맥락을 고려하며 읽기, 예측하며 읽기, 감정 기록하며 읽기의 전략을 사용해 보세요.

**맥락을 고려하며 읽기란 작품의 전체와 부분의 관계를 파악하며 읽는 전략입니다.** 맥락을 고려하며 읽는 사람은 작품 속 인물, 사건, 배경을 통해 작품을 해석하고, 해석한 내용을 자기 생각과 연결합니다. 작품을 깊이 있게 이해하고 다양성을 접하는 일입니다.

이러한 읽기 전략을 구사하는 아이는 작가의 메시지를 명확하게 이해하고, 시대적 맥락을 이해하기 위해 시대 배경을 찾아봄으로써 인물의 행동을 이해하거나, 인물 관계를 파악하기 위해 관계도를 만들거나, 작품 속 단서들을 찾아 이야기의 흐름과 연결 짓기도 합니다.

**예측하며 읽기는 이야기의 전개를 예상하고 가정하며 읽는 전략입니다.** 예측하며 읽는 사람은 역지사지 정신을 발휘해 인물의 행동과 앞으로 벌어질 일을 가정하며 읽습니다. 책과 상호 작용하고 긴장감을 유지하며 즐겁게 독서합니다. '다음에 어떤 이야기가 펼쳐질까?', '이 단서는 이야기 전개에 어떤 영향을 줄까?', '이 인물은 어떤 사람일까?' 등의 궁금증을 나누어 보고 추리하는 과정을 통해 이야기가 어떤 방향으로 흘러갈지 추측해 볼 수 있습니다.

감정 기록하며 읽기는 인상 깊은 부분에 밑줄을 치거나 떠오르는 생각을 메모하며 읽는 전략입니다. 의문점이 생기는 부분, 특별히 재미를 느낀 부분, 추가로 찾아보고 싶은 부분, 내 생각을 변화시킨 부분, 실천하고 싶은 부분 등을 두루 적을 수 있습니다.

밑줄을 치며 읽으면 주요 내용이나 아이디어를 강조할 수 있고, 생각을 적으며 읽으면 이해한 것을 깊이 있게 정리할 수 있습니다. 책과 소통하며 몰입하는 방법이자, 읽는 순간에 느꼈던 생생한 감정과 생각을 다시 확인해 그때의 독서 경험을 재구성할 수도 있는 전략입니다. 책에 메모하는 것을 선호하지 않는 아이는 점착 메모지를 활용하여도 좋습니다.

■ *공감하며 읽기* ■

EBS 〈당신의 문해력〉 연구팀은 한 권의 책을 읽을 때 부모와 아이가 얼마나 상호 작용하는지 빈도수를 조사했습니다.[21] 그 결과 조사 대상인 23명의 아이 가정 모두 '교수적 상호 작용'이 가장 많이 이루어지는 것으로 나타났습니다. 생각을 말할 기회를 적게 주고 부모가 주로 이야기하거나, 생각을 말하라고 해놓고 부모의 사고대로 재단하며 책을 읽는 것입니다. 이런 교수적 상호 작용은 아이의 책 읽기 흥미를 떨어뜨리고, 오히려 스트레스를 주게 됩니다. 아이들은 어른이 생각하는 것보다 훨씬 참신하고 기발한 생각을 많이합니다. 아이의 생각을 자유롭게 표현할 기회를 제공하는 '공감하며 책 읽기'를 해 보시길 바랍니다.

**우선 서로의 표정을 살펴보면서 책을 읽어보세요.** 아이는 부모의 표정을 관찰하면서 부모의 감정과 자신의 감정을 연결하기도 하고, 자신의 이해 정도를 확인하기도 합니다.

부모는 책을 읽을 때 아이가 무엇을 관찰하는지 살피고, 글의 흐름에 알맞은 표정을 보여 공유해야 합니다. 별다른 말 없이 서로의 표정을 관찰하다가 어떤 심정일지를 나누어 볼 수도 있습니다. 감정을 읽는 연습은 공감 능력을 키우는 데도 아주 효과적인 방법입니다. 아이가 글을 읽으며 풍부한 감정을 겪을 수 있길 소망한다면 부모가 먼저 넘치게 표현해 주어야 합니다.

**대화하며 책을 읽어보세요.** 글에 대한 공감을 바탕으로 사고를 확장할 수 있습니다. 대화할 때 가장 중요한 것은 대화의 중심이 아이여야 한다는 점입니다. 아이가 활발하게 사고할 수 있는 주제, 아이가 이야기하는 주제로 대화가 진행되어야 합니다. 아이가 자기 생각을 말하거나 질문하면 일단 적절한 반응을 보여야 합니다. 그 후에는 문제에 깊이 다가가도록 대화를 이어 나가야 합니다.

아이들은 앞서 접한 지식에 영향을 많이 받으므로 아이가 먼저 이야기하고 부모가 그다음에 이야기하는 게 좋습니다. 단, 아이가 의견을 잘 내지 못하는 경우 예시를 제공하는 의미로 엄마가 먼저 이야기해도 좋습니다. 부모의 의견을 말해주면 아이는 부모와 이야기를 나눈다는 느낌에 행복한 독서를 하게 됩니다.

**아이가 처한 상황이 책의 내용과 유사하면 독서에 더욱 몰입하게**

**됩니다.** 부모와 함께 책을 읽는 아이는 부모와 소통하기에 앞서 책과 소통합니다. 아이와 책이 공감 관계를 형성하면 아이가 책의 내용과 더욱 가깝게 연결됩니다. 예를 들어, 책 속 배경과 비슷한 환경에서 책을 읽으면 독서에 더욱 몰입할 수 있습니다. 아이와 비슷한 상황에 처한 내용의 책을 읽으면 아이는 자신과의 연결점을 찾습니다. 자신의 삶에 적용하여 책의 내용을 해석하게 됩니다. 아이와 함께 꽃에 관한 그림책을 한 권 들고 꽃이 핀 공원에 나들이 나가는 건 어떨까요?

### ■ *질문하며 읽기* ■

**아이가 생각을 폭넓게 확장하며 독서하기를 바란다면 질문을 활용해 보세요.** 아이는 질문에 대답하기 위해 마땅한 근거를 찾는 과정에서 책을 주의 깊게 읽게 됩니다. 생각해야 하는 질문을 던질 때 아이의 사고는 최대한으로 자극됩니다.

질문하며 읽기를 경험한 아이들은 스스로 질문하며 읽기도 합니다. 질문하다 보면 처음에는 하지 못했던 생각, 그 너머를 상상할 수 있게 됩니다. 이런 아이들은 다양한 추론을 하며 책을 읽는 효율적인 독서 습관이 듭니다. 그러나 안타깝게도 질문하기는 어려운 활동입니다. 암기식 교육을 받은 한국인에게는 특히나 그렇습니다. 2010년 G20 서울 정상회의 폐막식에서 오바마 대통령이 연설 후 한국 기자들에게 질문을 받겠다고 한 적이 있습니다. 그 많던 기자들이 하나같이 고개를 숙이거나 눈을 피하는 것을 보며, 기자에게

조차 질문은 쉽지 않은 것임을 느꼈습니다. 아이들 역시 질문 만드는 법을 잘 알지 못하고 질문에 대답하는 법도 잘 알지 못합니다. 아이가 질문하며 읽기를 어려워한다면, 조금 더 쉬운 수준의 책이나 아이가 관심이 있는 분야의 책을 읽으며 해보기를 추천합니다.

**문해력을 키우는 질문에는 요령이 필요합니다.** '우리 아이라면 어떤 질문을 할까?', '내가 아이라면 어떤 질문을 할까?'를 떠올려 보세요. 답이 여러 개인 질문을 만들 때는 '왜, 만약, 어떻게'를 활용할 수 있습니다.[22] "왜 이런 일이 발생한 걸까?", "만약 이랬다면 이야기가 어떻게 되었을까?", "어떻게 하면 이 문제를 해결할 수 있을까?" 등의 질문을 만드는 것입니다. 부모와 아이 모두 서로에게 질문을 만들어 답하는 활동도 재미있습니다. 아이는 부모의 질문에 대한 답을 다 맞히고 어려운 문제를 낼 생각에 신이 나 있을지도 모릅니다.

**질문을 주고받은 뒤에는 적절한 피드백이 필요합니다.** 아이가 답을 하기 위해 생각한다는 것 자체가 중요합니다. 생각을 정확하게 표현하도록 충분한 시간을 주고, 해냈다면 긍정적인 피드백을 해주세요. 부모가 기대한 대답에 미치지 않는다고 존중하지 않는 반응을 보이면 아이는 생각의 폭을 넓힐 기회를 잃게 됩니다.

저학년이나 중학년이라면 이야기를 듣고 호응하면 됩니다. 그러나 고학년은 다릅니다. 학년이 올라가면 어느 정도 책의 내용에 기반한 근거로 질문하고 답해야 합니다. 6학년 아이의 터무니없는 대답에 칭찬으로 반응하는 것은 오히려 의미 파악에 방해가 됩니다. 이럴 때는 단서를 제시해 주는 게 좋습니다.

질문의 종류는 크게 3가지로 나눌 수 있습니다. 처음부터 질문의 종류를 신경 쓰면 아이가 질문 만들기를 어려워하게 됩니다. 굳이 질문의 종류를 나누지 않고 자유롭게 질문하다가 이후 질문이 익숙해지면 서서히 구분하여 질문하길 추천합니다.

**1. 사실 질문**
글에서 답을 찾을 수 있는 질문입니다. 아이가 책의 내용을 잘 이해했는지 확인하는 데 활용합니다. 하나의 정답만 있어서 학생들이 쉽게 답을 찾을 수 있습니다.
예) 단어의 뜻이나 의미 질문하기, 육하원칙 질문하기

**2. 추론 질문**
글에서 답을 찾을 수는 없지만, 추론이 가능한 질문입니다.
예) 문장의 표현이나 느낌 질문하기, 비교 질문하기, '왜' 질문하기

**3. 적용 질문**
'만약 나라면~'과 같이 상상을 적용하는 질문입니다. 아이의 생각을 묻는 것이므로 답이 여러 개일 수 있습니다.

아이가 자라면 스스로 읽기 전략을 사용하여 사고가 확장되는 독서를 할 수 있을 거라 기대하시겠지만, 그렇지 않습니다. 책을 읽으라고만 하지 말고 책을 읽는 방법을 알게 해주어야 합니다. 아이의 문해력 향상에 가장 최적화된 멘토는 부모입니다. 부모와 아이가

함께 읽으며 상호 작용을 하면 아이들도 독서에 관한 관심과 열정으로 보답할 것입니다. 아이와 함께 맥락 고려하며 읽기, 예측하며 읽기, 감정을 기록하며 읽기 등의 전략을 활용해 보고, 공감하며 읽기와 질문하며 읽기를 통해 풍요로운 독서 활동을 해보시길 권장합니다. 부모는 아이의 자연스러운 문해력 발달 과정을 함께하게 됩니다.

# 문해력을 높이는 독서법 3
## - 읽기 후 활동 -

독후 활동은 책의 내용을 더 깊이 이해하고, 창의적인 사고를 하도록 돕습니다. 이는 책에서 배운 교훈을 삶에 적용하고 실천하는 마중물이 됩니다. 독후감을 쓰고 동장, 은장, 금장을 받던 시절을 기억하시나요? 그때는 독후 활동이 독후감 쓰기에 편중된 경향이 있었습니다. 그러나 요즘에는 다양한 독후 활동을 활용합니다. 아이는 개인의 성향과 필요에 따라 독후 활동을 자유롭게 선택할 수 있습니다. 부모들은 제시되는 내용을 참고하여 아이들에게 안내자 역할을 해주시길 바랍니다.

### ■ 전통적인 독후 활동, 독후감 쓰기 ■

간혹 독후감 쓰기를 구시대적이고 시대착오적이라고 생각하는 사람이 있습니다. 과제 형식으로 접했기에 부정적으로 느껴지는 것일지 모르겠습니다. 그러나 독후감 쓰기가 오랜 기간 독후 활동으로 사랑받아 온 데는 이유가 있습니다. 바로 책을 깊이 있게 이해하는 기본적인 방법이기 때문입니다. 아이들은 캐릭터의 행동, 글의 전개, 주제의 의미 등을 탐구하고 분석함으로써 책에 담긴 메시지를 명확하게 이해할 수 있습니다. 최대한 아이들이 즐겁게 참여하는 방향으로 활동을 제시할 테니, 독서에 대한 동기를 저하하지 않도록 유의하며 사용하시길 바랍니다.

활동 1. 내용 파악하기

내용 파악하기는 읽은 책의 핵심 내용을 이해하는 것입니다. 반복되는 낱말 찾기, 중심 문장과 뒷받침 문장 찾기, 인물·사건·배경 정리하기 등을 활용하여 내용 정리를 할 수 있습니다. 내용 파악하기에 활용하기 좋은 활동은 아이의 국어 교과서 지문 뒤에 많이 있으니 참고하시면 좋습니다.

책의 내용을 잘 읽었는지 확인하는 과정이 지루하다면 수수께끼, 미션과 같은 놀이 형태로 즐겁게 내용 파악을 할 수 있습니다. 특히 저학년, 중학년 학생에게는 퀴즈 내기를 도입하면 적극적인 참여를 유도할 수 있습니다.

활동 2. 요약하기

요약하기는 글의 요점을 잡아서 간추리는 것입니다. 읽기에 필요한 여러 능력을 동시에 활용해야 하는 고차원적인 활동이어서 문해력 향상에 탁월한 활동이기도 합니다. 작가가 말하고자 하는 바를 이해하며 중요한 내용을 꼽아야 하므로 요약을 할 수 있으면 책을 이해한 것으로 봐도 무방합니다.

책을 읽고 그냥 요약하라고 하면 막막해하거나 부담을 느낄 수 있으니 다양한 시각적 조직도를 활용해 보세요. 책에 담긴 내용과 그 관계를 알면 내용을 파악하기 쉽습니다. 글밥이 적은 책을 읽거나 줄거리 요약을 힘들어하는 아이라면, 부모와 한 페이지씩 책을 다시 훑어보면서 내용을 주고받는 방법으로 정리해도 좋습니다.

활동 3. 소감 나누기

소감 나누기는 느낀 점이나 깨달은 점을 이야기하는 것입니다. 부모는 책을 읽은 소감에 대해 열린 질문을 제시하고 아이가 생각할 시간을 충분히 주어야 합니다. 간식을 먹으며 편안하게 이야기할 수 있는 환경을 조성하는 것도 좋습니다. 이야기를 나누는 사이사이에 어떤 느낌이 들었는지 슬쩍 물어보고 서로의 생각을 공유하면 됩니다. 이 활동은 아이의 독해력과 표현력을 향상하고 의미 있는 독서 활동을 경험하게 합니다. 소감을 나눌 때 부모가 가장 많이 하는 실수는 아이에게 특정 교훈을 강조하는 것입니다. 교훈을 정해 두고 주제를 찾기보다는 아이가 스스로 깨닫게 해주어야 합니다.

활동 4. 독후감 작성하기

독후감은 독서를 마친 후 독서 경험에 대한 생각과 감정 등을 정리한 것으로, 내용 파악하기, 요약하기, 소감 나누기가 종합적으로 포함된 표현 활동입니다.

독후감을 쓰면 책을 더 깊이 있게 이해하고, 자기 생각을 구체화할 수 있습니다. 초보라면 책을 읽고 간단한 소감을 나누는 정도가 적당합니다. 그러다 차츰 인상 깊었던 내용과 그 이유, 등장인물의 삶과 나의 삶을 비교하기 등을 하시길 바랍니다. 부모가 독후감에 대한 부담을 덜어줄 때, 더욱 자유로운 독서를 즐길 수 있습니다. 지나치게 형식에 얽매인 독서 기록은 지양하세요.

**더 알기 | 다양한 형태의 독후감**

책을 읽게 된 이유, 줄거리, 느낀 점 등을 적는 정형화된 독후감 외에도 다양한 형태의 독후감을 활용할 수 있습니다. 자세한 내용은 202쪽 '문해력을 높이는 글쓰기 실전 -독후감-'을 참고하세요.

**1. 내용 파악하기와 관련된 활동**
인물의 프로필 작성하기, 책 속 문장으로 명언 만들기, 책 속 사건으로 기사 작성하기, 책 속 인물이 되어 일기 쓰기

**2. 요약하기와 관련된 활동**
책의 내용을 만화로 만들기, 책 속 장면을 모형이나 조형물로 표현하기

**3. 소감 나누기와 관련된 활동**
독서 일기 쓰기, 시로 표현하기, 등장 인물에게 편지 쓰기, 책에 대한 팬 아트 그리기

## ■ 책의 내용을 확장하는 독후 활동 ■

책의 내용을 확장하는 독후 활동은 자유롭게 표현할 수 있는 활동 위주로 이루어집니다. 아이는 이 과정에서 다양한 관점을 탐색하며 자기 생각을 형성해 나가고, 표현 능력과 상상력, 창의력을 발전시 킵니다. 또 책에 등장하는 인물, 사건, 배경을 이해하고 인물의 감정 에 공감하면서 인간적인 성장도 이루게 됩니다.

활동 1. 삶과 연결하기

읽기가 삶과 연결되면 책은 아이에게 더 큰 의미로 다가옵니다. 사실 책상에 앉아 읽기만 하는 독서는 문해력 성장에 제한적입니 다. 진짜 문해력을 키우기 위해서는 우리가 살아가는 세상 속에서 살아 있는 지식을 배워야 합니다. 체험을 통해 독서를 즐겁고 행복 한 기억으로 만들어 주면 아이들은 독서에 대해 긍정적으로 인식하 고, 책의 참뜻을 알게 됩니다. 자그마한 깨우침이 폭넓은 배움으로 확장됩니다. 책의 내용을 현실로 가져와 본 경험이 있는 아이는 이 후 책을 읽더라도 삶에 능동적으로 적용하며 독서를 할 수 있습니다.

아이와 《경복궁에 간 불 도깨비》를 읽었다면 경복궁 팝업 책 만 들기를 하거나 직접 경복궁에 다녀와 보세요. 이야깃거리가 무궁무 진해질 것입니다. 《해바라기를 사랑한 고흐》를 읽었다면 고흐의 작 품을 따라 그리거나 고흐의 그림을 보러 갈 수도 있습니다. 《봄에도 첫눈이 올까?》를 읽었다면 집 앞으로 봄나들이를 나가거나 내용을 떠올려 친구를 오해한 경험을 이야기해 보면 좋고,《쥐돌이와 팬케이크》를 읽고 함께 팬케이크를 만들어도 좋을 것입니다. 아이들은 이러한 활동을 통해 책에서 읽은 내용을 삶에서 탐색하게 됩니다.

활동 2. 독서 토의 · 독서 토론

**독서 토의와 독서 토론은 초등학생들에게 매우 수준 높은 독후 활동의 하나입니다.** 독서 토의로는 주인공이 처한 문제를 해결하기 위한 토의, 내가 주인공이라면 어떻게 했을지 토의 등을 할 수 있습니다.《목기린 씨 타세요!》를 읽었다면 '목기린 씨가 버스에 타기 위해서는 어떻게 버스를 만들어야 할까?'를 토의하고 버스 만들기 활동을 할 수 있습니다.

독서 토론의 가장 기본적인 형태는 논제를 두고 찬성과 반대로 나누어 의견을 내는 것입니다. 책을 읽으며 찬성과 반대로 나눌 수 있는 인물의 행동, 사건들을 찾아서 논의하면 됩니다.《잔소리 없는 날》을 읽고 '엄마의 잔소리가 필요한가?'라는 주제로 토론해 볼 수 있습니다.

**독서 토의와 독서 토론을 하면 의사소통 기술과 태도를 배울 수 있습니다.** 아이들은 상대방의 의견을 듣고 미처 생각하지 못했던 관점을 접하며 새로운 생각을 받아들입니다. 토의와 토론을 반복함으로써 다양한 사고방식을 이해하게 됩니다.

독서 토론은 보통 4학년 이상부터 원활하게 할 수 있으며 2명 이상이 적절합니다. 친한 친구를 모아서, 친구네 가족과 함께 해보시길 권합니다. 옳고 그름을 따지기 좋아하는 고학년 학생에게 토의와 토론은 상당히 즐거운 독후 활동입니다. 토론이 어려운 아이와는 책 이야기를 자유롭게 하는 시간 정도로 활용하면 됩니다.

이 외에 뒷이야기 상상하기, 책 만들기, 등장인물 가상 인터뷰하기, 이야기 장면 패러디하기, 책 광고 만들기 등 생각을 확장하는 다양한 독후 활동이 있습니다. 처음에는 어떤 활동이 좋을지 고민이 되겠지만, 10권 정도 독후 활동을 해보면 아이디어가 샘솟습니다. 익숙하지 않아서 어려운 것이지 해보면 별거 아닙니다. 또 읽다 보면 아이가 먼저 하고 싶은 독후 활동을 제시하는 경우가 꽤 많습니다. 아이와 함께 어떤 활동으로 확장하고 싶은지 이야기 나누어 보고 아이가 하고 싶어 하는 활동을 해보면 좋겠습니다.

**해보기 | 등장인물 가상 인터뷰하기**

| **1. 질문 만들기** |
|---|
| 고갱이 떠나갔을 때 기분이 어땠니? 왜 너의 그림에는 노란색을 많이 사용했니?<br>만약 평생 친구들과 어울려서 그림을 그렸다면 행복했을 것 같니? 등 |
| **2. 역할 정하기** |
| 고흐 역할, 질문자 역할 |

고흐 역할을 맡은 아이는 자신이 고흐라면 이 질문에 어떻게 답을 할지 생각해서
답을 해줍니다. 아이 혼자서 가상 인터뷰를 하는 경우, 스스로 질문하고 스스로
답하면 됩니다. 혼자 할 때는 보통 글로 쓰는 경우가 많습니다.

### ▪ 독서 자체를 즐기기 ▪

모든 아이가 독후 활동을 할 수 있을 정도로 책 내용을 기억하는
건 아닙니다. 분명히 읽을 때는 울컥한 감정을 느끼기도 하고 마음
에 새기고 싶은 구절을 만나기도 하지만, 한 시간만 지나도 그 감정
들은 옅어집니다. 책을 읽을 때 느꼈던 슬픔이나 좋았던 감정 정도
만 남는 것입니다. 어른도 이런 경우가 많습니다. 그러므로 아이가
책을 읽었다고 해서 모든 내용을 기억하기를, 가슴에 뜨거운 교훈
이 남아 있기를 바라는 것은 욕심입니다.

**책은 읽는 것 자체만으로도 의미가 있습니다.** 부모의 시각에서
의미 있어야만 아이에게 의미 있는 독서가 되는 것은 아닙니다. 아
이가 책의 내용을 기억하느냐 못하느냐, 책의 내용을 바탕으로 사
고를 확장하느냐 못하느냐 여부보다 중요한 것은 아이가 즐겁게 읽
고 있는 그 자체입니다. 독후 활동으로 아무것도 안 하면 어떤가요?
아이가 책을 통해 상상하고 눈물짓고 기뻐하는 경험이 가장 값진
것인걸요. 아이가 정말 인상 깊은 책을 읽고 나면 먼저 다가와서 한
참 동안 아무 말을 하지 않기도 합니다.

독후 활동에 너무 애쓰지 않아도 됩니다. 책을 읽을 때마다 독후 활동을 해야 한다면 부모님과 아이 모두 싫증과 부담을 느낄 것입니다. 특히, 교과와 관련한 책을 읽히고는 무조건 학업과 연관시키는 것은 아이에게 읽기 부담을 주는 지름길입니다. 책과 멀어지고 독서 자체를 거부하게 될 수도 있습니다. 독후 활동은 아이의 관심과 참여 동기에 따라 결정되며, 꼭 독후 활동을 해야 한다는 규칙은 없습니다.

책을 읽고 난 뒤 내용 파악하기, 요약하기, 소감 나누기, 독후감 작성하기 등의 전통적 독후 활동을 하여 책의 내용을 효과적으로 이해할 수 있습니다. 생각을 확장하여 주는 활동인 삶과 연결하기, 독서 토의와 독서 토론 등을 통해 더욱 깊고 풍부한 독서를 할 수도 있습니다. 문해력을 기르는 독서를 하기 위해서는 아이가 책의 내용을 통해 자신만의 감정을 느끼고 자신만의 생각을 해야 합니다. 때로는 아무것도 하지 않아도 좋습니다. 아이의 선택을 존중하는 독후 활동으로 책 읽기의 즐거움을 더해보세요.

<읽기 전·중·후 활동>

| 읽기 구분 | 활동 | 세부 활동 |
|---|---|---|
| 읽기 전 | 책을 살피며 호기심 키우기 | - 표지와 제목 살펴보기<br>- 차례 살펴보기<br>- 책의 일부분 살펴보기<br>- 요약 내용 읽기, 리뷰 참고하기 |
| | 책과 관련한 활동하기 | - N 행시 짓기, 책 제목과 관련한 경험 이야기하기, 표지 속 인물의 행동이나 표정 따라 하기, 표지에 관한 이야기 만들기, 질문 만들기<br>- 차례를 보고 이야기책 만들기<br>- 책 속 단어로 빙고 게임 하기 |
| 읽기 중 | 이해 전략 사용하기 | - 맥락을 고려하며 읽기<br>- 예측하며 읽기<br>- 감정 기록하며 읽기 |
| | 공감하며 읽기 | - 서로의 표정 살피기<br>- 대화하며 읽기<br>- 처한 상황이나 환경이 비슷한 내용의 책 읽기 |
| | 질문하며 읽기 | - 생각을 확장하는 질문하기<br>- 적절한 피드백하기 |
| 읽기 후 | 독후감 쓰기 | - 내용 파악하기<br>- 요약하기<br>- 소감 나누기<br>- 독후감 작성하기 |
| | 책의 내용 확장하기 | - 삶과 연결하기<br>- 독서 토론과 독서 토의하기 |

4장

# 글쓰기 - 문해력 완성

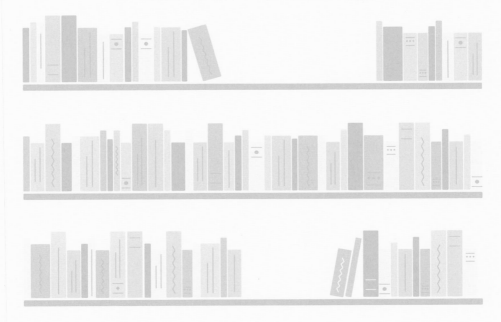

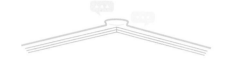

# 글쓰기는
# 문해력의 꽃이다

　문해력을 키우는 비결이 독서라면 문해력을 다지는 비결은 글쓰기입니다. 글을 이해하고 생각하는 것과 생각하는 것을 글로 표현하는 것은 엄연히 다릅니다. 책을 많이 읽었더라도 생각을 표현하지 않는다면 사고력을 키우기 어렵습니다. 텍스트에 대한 올바른 이해와 적용은 입력에서 끝나는 것이 아니라 출력까지 이어져야 합니다.

　글쓰기가 문해력에 주는 영향과 글쓰기의 필요성을 살펴보며, 아이가 초등학생인 이 시기에 글쓰기를 시작하셨으면 좋겠습니다.

### ▪ 문해력의 최종 단계는 글쓰기이다 ▪

　언어 발달 및 언어 습득 연구자들의 연구 결과를 종합해 보면, 언어 발달은 보통 듣기, 말하기, 읽기, 쓰기 순서로 발달합니다. 4가지 영역 중 쓰기가 가장 늦게 발달하는데, 이는 듣고 말하고 읽기를 통해 언어적 구조와 문법을 모두 습득한 뒤에 생각을 글로 쓰는 게 가능하다는 뜻입니다.

**문해력의 가장 마지막 단계도 글쓰기입니다.** 많은 사람이 문해력을 책이나 학습 내용을 이해할 때나 필요하다고 생각합니다. 그러나 문해력이 가장 필요할 때는 바로 글을 쓸 때입니다. 쓰기를 잘하려면 말과 글을 잘 다루어야 하는데 이를 관통하는 핵심이 문해력이기 때문입니다. 문해력이 어느 정도 수준에 도달해야 자기 생각과 느낌을 제대로 표현할 수 있습니다.

앞서 문해력은 글을 분석하고 판단하여 실생활에서 활용하는 것까지 포괄하는 능력이라고 이야기했는데, 실생활에서 활용하는 경우가 바로 글쓰기 활동입니다.

**문해력을 통해 글쓰기 능력을 키울 수 있고, 글쓰기를 통해 문해력을 키울 수 있습니다.** 아이는 문해력을 통해 다양한 텍스트를 읽고 해석하면서 어휘 선택, 문장의 구조, 표현 방법을 익히게 됩니다. 이는 쓰기 과정에서 자기 생각과 느낌을 효과적으로 전달할 수 있는 모델이 됩니다.

글쓰기 역시 문해력을 점검하고 발전시키는 기회를 제공합니다. 아이는 글을 작성하고 수정하는 과정에서 언어적 요소에 주의를 기울이게 되며, 새로운 어휘를 탐색하기도 합니다. 생각을 구체화하여 정리하는 과정에서 자기표현 능력을 키우게 되고 이는 문해력 향상에 긍정적인 영향을 줍니다.

글쓰기는 문해력의 꽃입니다. 글을 작성하기 위해서는 주제에 대해 깊이 있게 이해해야 합니다. 정보를 완벽하게 이해하는 것을 넘어 자신의 삶과 연관 짓고 확장해 적용할 수 있어야 합니다.

글을 쓰는 아이는 어휘력, 이해력, 전체를 조망하는 눈을 능숙하게 활용합니다. 이야기를 만드는 아이는 상상력과 창의력을, 주장하는 글을 쓰는 아이는 비판적 사고력과 논리적 사고력을, 생활 글을 쓰는 아이는 자아 인식과 자아 개발을 추가적으로 할 수 있습니다.

## ■ 초등 시기부터 글쓰기 교육을 시작해야 한다 ■

초등 시기에는 언어 능력과 사고력이 크게 발전하는 때로, 글쓰기 교육이 적합한 시기입니다. 어휘력, 문법, 문장 능력 등이 다양한 측면으로 발달하며, 이러한 언어 발달은 글쓰기에 필요한 언어적 기술과 표현력을 향상합니다. 아이는 익힌 언어 기술을 활용하여 자기 생각, 느낌, 경험을 글로 표현할 수 있습니다. 논리적인 글을 작성하여 주장을 효과적으로 표현할 수 있습니다.

초등학교 교육과정에는 글쓰기 교육이 포함되어 있습니다. 아이는 기본적인 글의 구조, 글쓰기 기술과 방법을 배우고 교과별로 교과 특성과 학습 주제에 맞는 글쓰기를 연습합니다. 초등학교 교육과정만 잘 따라가도 글쓰기를 단계적으로 학습하고, 훈련할 수 있는 것입니다. 이 시기에 적절한 글쓰기 경험을 제공해 주면 더 높은 수준의 글을 쓸 수 있습니다.

**아이들은 넘치는 상상력과 창의력으로 생각보다 쉽게 글을 씁니다.** 초등학생인 아이가 써 온 글이 너무 순수하고 신선해서 간직한 적이 있으신가요? 아이들의 생각은 놀랄 만큼 유연합니다. 반짝이는 아이디어를 내기도 하고, 표현하는 과정을 즐기기도 합니다. 때로는 상상만으로 새로운 이야기를 만들기도 하고, 때로는 주어진 문제에 자기만의 관점으로 멋진 해결책을 찾아내 글로 쓰기도 합니다.

초등학교 아이들은 솔직한 글을 쓸 수 있습니다. 예전에 읽고 눈물이 찔끔 났던, 이오덕 선생님의 《글쓰기 어떻게 가르칠까》 속 시를 살펴보겠습니다.

<br>

빚

울진 온정 초등학교 3년 김형삼

우리 집은 무슨 일인지
빚을 졌다
논 몇 마지기 팔고도
빚을 다 못 갚아서
재판장한테 가서
재판을 받았다.

그런데 아버지께서
울면서 오셨다.
아버지께서
"형삼아, 너들 잘살아라.
형삼아, 니가 크면
돈 없는 사람 도와 주어라."
하며 울었다.
나도 울었다.

어른이라면 부끄러워서 차마 적지 못할 내용을 아이들은 이렇게 꾸밈없이, 솔직하게 적어냅니다. 땅을 파며 살아가는 농민들 마음, 아버지의 깨끗하고 아름다운 마음이 읽는 사람에게 그대로 전달됩니다. 아이들의 글에 거짓이 없는 이유는, 아이들이 진실한 존재이기 때문입니다.

자기 생각과 경험을 솔직하게 표현할 수 있는 시기에 글쓰기를 시작하면 자기 글을 통해 감정을 세세히 이해하고 성장할 수 있습니다. 또한 진정성 있는 글을 쓸 수 있습니다.

### ■ 점점 커지는 글쓰기의 중요성 ■

수업 시간에 아이들과 챗 GPT를 활용했을 때입니다. "자주적인 사람들의 이름과 특징을 알려줘."라고 적은 뒤, 6명의 자주적인 인물의 이름, 직업, 자주적인 면모가 모두 완성되는 데는 30초가 채

걸리지 않았습니다. 정보를 검색하고, 선별하고, 분류하고, 종합해 문장을 쓰는 일은 필요하지 않았습니다. "자주적인 사람은 성공한다는 교훈이 담긴 이야기를 만들어 줘."라고 적자, 이번에는 자주적이지 않은 사자와 자주적인 치타가 등장하는 이야기가 순식간에 만들어졌습니다. 모든 정보가 글쓰기의 목적에 맞게 깔끔하게 정리되어 있었습니다. 이를 본 아이들은 깜짝 놀랐습니다. 생활 글이나 배움 공책에 쓸 내용을 써달라고 하면 되겠다며 신이 난 아이도 있었습니다.

정보를 찾고, 정보를 활용해 글을 쓰는 일까지 인공지능이 해주는 시대입니다. 그렇다면 인간은 이제 글쓰기를 배울 필요가 없는 걸까요? 저를 포함한 많은 교육자와 학자들은 오히려 그 반대일 것으로 생각합니다. 여전히 인간만이 쓸 수 있는 글이 있기 때문입니다. 인간의 창의성과 감정을 담은 글은 여전히 인간 만의 것입니다. 인간의 경험과 지식을 바탕으로 해석되고 재구성되는 글, 인간의 판단과 도덕적 가치가 반영되어야 하는 글이 그렇습니다. 인공지능에 받은 도움을 가공하고 그 결과물을 목적에 맞는 최선의 글로 창조하는 것은 결국 인간 개개인의 문해력과 글쓰기 능력에 좌우될 것입니다.

앞으로 글쓰기는 조금 더 다양한 영역에서 제 역할을 해낼 것입니다. 각종 플랫폼을 통한 디지털 커뮤니케이션의 증가, 글로벌 의사소통의 필요성, 자기표현의 중요성, 창의적인 문제 해결과 혁신을 위해서도 글쓰기는 필수적입니다. 빠른 변화와 복잡한 문제가 증가하는 미래 시대의 글쓰기는 아이디어를 정리하고 발전시키는 유용한 수단이 됩니다. 사람들은 많은 양의 텍스트를 읽고 작성하며, 이를 통해 의사소통하게 됩니다. 글쓰기 기술은 효과적인 정보 공유를 위해 필수적인 것으로 자리매김할 것입니다.

**글쓰기는 그저 글을 쓰는 게 아니라 생각하는 행위 자체입니다.** 아이는 글이라는 매개체로 자기 생각과 감정, 경험을 표현하고 이 과정을 통해 어휘력, 이해력, 상상력, 창의력, 비판적 사고력, 논리적 사고력 등 문해력에 필요한 요소들을 개발하게 됩니다.

생각하기가 중요한 시대가 되면서 글쓰기의 중요성은 더 커지고 있습니다. 글쓰기 능력을 개발하기 좋은 초등 시기를 놓치지 말고 아이와 글쓰기를 시작하시면 좋겠습니다.

# 글쓰기가 어려운
# 아이들을 위한
# 해결책이 있다

국어 시간에 아이들이 제일 어려워하는 활동이 무엇일까요? 현장에서 아이들을 가르치는 사람이라면 모두 '글쓰기'라는 말에 동의할 것입니다. 정말 많은 아이가 글쓰기를 어려워합니다. 하지만 쓰기 교육에 관한 관심은 현실적으로 부족합니다. 마음껏 글을 써보는 기회도 흔하지 않습니다. 또 글을 잘 쓰는 것을 필수적인 학습역량으로 여기기보다는 일부 사람들만 가질 수 있는 '특별한 재능'으로 생각하기도 합니다. 아이들은 왜 글쓰기를 어렵고, 특별한 재능이라고 생각하게 되었을까요?

■ 글쓰기가 어려운 건 아이 탓이 아니다 ■

> **질문 1. 아이들은 글씨 쓰기와 스마트폰 조작 중 무엇을 먼저 배웠나요?**
> 답 1. 스마트폰 조작을 먼저 배웁니다.
>
> **질문 2. 아이들이 처음 만나는 본격적인 쓰기는 무엇일까요?**
> 답 2. 따라 쓰기나 받아쓰기입니다.
>
> **질문 3. 아이들이 글쓰기를 접하는 형태 중 무엇이 가장 많을까요?**
> 답 3. 숙제와 시험입니다.

위 질문과 답만 보아도 글쓰기가 어려운 것은 아이 탓이 아니라는 사실을 깨닫게 됩니다. 암기, 숙제, 시험으로 글쓰기를 처음 만나는 아이들에게 글쓰기가 쉽고 재미있을 리 없습니다. 각 질문과 답에 반영된 글쓰기가 어려운 이유를 구체적으로 살펴보겠습니다.

**질문과 답 1** | 우리 아이들은 펜을 손에 쥐기도 전에 스마트폰으로 말과 글을 접한 세대입니다. 아이들은 맞춤법에 맞는 올바른 문장보다 각종 줄임말과 비문부터 만납니다. 그중에는 글쓰기의 재료로 활용하기에 부적합한 것이 많습니다. 아이들이 글을 써내는 기반이 되는 창고가 글쓰기와는 너무 먼 환경입니다. 게다가 스마트폰은 아이들이 수동적으로 사고하게끔 만듭니다. 생각하는 걸 싫어하는 아이에게 글쓰기는 고역이 될 수밖에 없습니다. 아이들은 생각할 여유도 쓸 여유도 없습니다.

**질문과 답 2 |** 아이들이 겪는 글쓰기의 본격적인 시작은 남의 것 쓰기입니다. 한글 습득을 목표로 한 암기 학습으로 시작하는 것입니다. 그러나 핀란드 같은 교육 선진국에서는 받아쓰기가 아닌 에세이, 즉 자기 생각 쓰기로 글쓰기를 시작합니다. 우리나라의 경우 정작 자기 생각을 써야 할 때 이미 쓰기에 질려버리는 상황이 됩니다. 게다가 학년이 올라갈수록 정형화된 틀에 갇힌 정답을 강요하는 글쓰기를 하게 됩니다. 아이가 글쓰기 의욕을 잃어가는 건 시간문제입니다.

**질문과 답 3 |** 아이들은 글쓰기를 강요받고 있습니다. 아이들이 글쓰기에 흥미를 잃고 부담감을 느끼면서 긍정적인 글쓰기 경험이 제한됩니다. 글쓰기는 창의성을 발휘하는 표현 활동입니다. 자율성이 억압된 글쓰기는 진정한 글쓰기를 더 어렵게 만듭니다. 같은 맥락으로, 너무 어릴 때부터 논술이나 글쓰기 학원에 보내는 것은 지양할 필요가 있습니다. 어른의 눈으로 그럴듯한 글을 써내는 것 같아도 아이는 점점 글쓰기를 시켜서 억지로 해야 하는 무언가로 인식하게 됩니다. 억지로 시키면 오히려 멀어집니다.

### ▪ 글쓰기가 어려운 아이들 살펴보기 ▪

교실에는 글쓰기를 어려워하는 아이가 많습니다. 그중 글은 **쓰지 않고 한참 동안 생각만 하는 아이들**이 있습니다. 이 아이들은 크게 두 가지 경우입니다. 무엇을 어떻게 쓸지를 모르는 아이와 생각하는 게 귀찮은 아이입니다.

무엇을 어떻게 쓸지를 모르는 아이에게는 쓰기의 문턱을 낮춰줄 필요가 있습니다. 쓰기에 부담을 갖지 않고 마음껏 쓸 기회를 주면 됩니다. 크레파스, 색연필 등 다양한 필기도구와 큰 종이를 제공하여 무엇이든 자유롭게 쓰게 해주세요. 말로 이야기를 하며 충분히 쓸 거리를 나누면 아이가 더 쉽게 글을 쓸 수 있습니다.

생각하는 게 귀찮은 아이는 쓰기 활동만 하면 지루해하는 경향이 있습니다. 주로 컴퓨터 게임, 유튜브, 스마트폰에 많이 노출된 아이들이 이에 해당합니다. 이 아이들에게 글쓰기가 싫은 이유를 물어보면 "그냥요." 혹은 "귀찮아요."라고 대답합니다. 글쓰기는 집중과 노력이 필요한 고차원적인 활동입니다. 그러므로 즉각적인 자극과 변화에 익숙한 아이들에게 글쓰기는 따로 시간과 노력을 들여야 하는 힘든 일이 됩니다. 글쓰기 동기와 목적을 이해시키고 놀이와 경쟁을 곁들인 활동 위주의 글쓰기를 시작하는 게 좋습니다.

**글을 계속 짧게 쓰는 아이도 있습니다.** 이 아이들이 적은 일기, 체험학습 보고서, 논술형 문제에 대한 답안은 기껏해야 두세 줄 정도입니다. 물어보면 "더 쓸 게 없어요." 혹은 "다 썼어요."라고 대답합니다. 이런 아이들은 자기 생각이나 감정을 충분히 표현하는 연습을 하면 좋습니다. 그리고 감정을 쪼개어 단계적으로 작성해 보는 '단계적 글쓰기'를 하면 글을 풍부하게 쓸 수 있습니다.

| | |
|---|---|
| 1 | 최근에 있었던 기억에 남는 일은 무엇인가요? |
| 2 | 그때 내가 했던 말이나 행동 중 가장 잘했다고 생각하거나 후회하는 것은 무엇인가요? |
| 3 | 그 말이나 행동이 나 또는 다른 사람에게 어떤 영향을 끼쳤나요? 왜 그렇게 생각하나요? |
| 4 | 올바른 내가 되기 위한 다짐은 무엇인가요? |
| 5 | 앞에서 성찰한 내용을 참고하여 성찰 일기를 써 보세요. |

글을 많이 쓰긴 했는데 무슨 말을 쓴지 모르겠는 아이도 있습니다. 이 아이들의 글에는 핵심이 없고 글자만 쭉 나열되어 있습니다. 전달하고자 하는 바가 명확하지 않은 경우, 글 내용이 오락가락하여 의미를 헤아리기 힘든 경우, 아무 의미 없이 경험만 쭉 나열된 경우가 대표적인 예입니다. 이런 아이들은 글을 길게 적기 때문에 눈여겨보지 않으면 문제가 없는 것처럼 보입니다. 잘 살펴서 글로 전달하고자 하는 주요 내용과 아이디어를 구조화하는 연습을 해야 합니다.

| 서론 | |
|------|---|
| 본론 | **1. 본론 1**<br>– 설명 1:<br>– 설명 2:<br><br>**2. 본론 2**<br>– 설명 1:<br>– 설명 2:<br><br>**3. 본론 3**<br>– 설명 1:<br>– 설명 2: |
| 결론 | |

## ▪ *쓰는 태도가 바뀌면 글쓰기가 쉬워진다* ▪

초등학교 저학년 아이들은 글을 참 잘 씁니다. 원초적 상태의 아이들은 겁도 없고 아무 거리낌 없이 글을 적어 나갑니다. 〈글쓰기에 대한 태도 측정 연구〉에 따르면, 학년이 올라감에 따라 쓰기 태도는 부적 발달 경향을 보입니다.[23] 학년이 올라갈수록 쓰기 지식과 기능, 배경지식이 향상된다는 점과 대조되는 사실입니다. 그 이유는 고학년이 되면 인지 부담이 더해지기 때문입니다. 정해 놓은 기준과 강요, 그것을 벗어날까 싶은 두려움이 글쓰기를 어렵게 합니다.

글쓰기가 쉬워지려면 쓰기 태도부터 바꾸어야 합니다. 자발적이고 긍정적인 태도를 갖추어야 효과적으로 글을 쓸 수 있습니다. 긍정적인 쓰기 태도란 글쓰기에 희망을 품고 동기부여를 하는 것, 자신의 글쓰기 능력과 잠재력을 인정하고 자신감을 강화하는 것, 글쓰기 과정에서의 어려움이나 실패를 긍정적인 도전으로 받아들이고 새로운 시도를 하는 것 등을 포함합니다.

긍정적인 쓰기 태도는 글쓰기에 대한 열정과 흥미를 자극합니다. 아이들은 새로운 아이디어를 자유롭게 표현하며 글을 통해 창의성을 발휘합니다. 글쓰기 능력에 자신감이 생기면 적극적으로 쓰기 활동에 참여하고, 어려운 상황에 맞닥뜨려도 글쓰기 능력의 항상성을 유지합니다. 이런 아이들은 글쓰기를 지속하며 문해력을 다집니다.

아이에게 긍정적인 쓰기 태도를 갖추게 하고 싶다면 글쓰기를 즐거운 활동으로 만들어 보세요. 아이들의 관심사나 경험을 바탕으로 글쓰기 주제를 선택하는 것이 좋습니다. 글쓰기 소재 찾기에 어려움을 토로하는 아이들이 많으니, 부모와 같이 대화하며 주제를 탐색해 보길 바랍니다.

내용이 무엇이든 일단 써보는 게 중요합니다. 절대 아이가 쓴 글의 내용을 비판하려고 하면 안 됩니다. "엄마 생각은… "이라며 에둘러 말하는 것도 지양해야 합니다. 모든 아이는 기본적으로 글쓰기에 자신이 없습니다. 필요한 건 넘치는 칭찬뿐입니다.

헤밍웨이는 "글쓰기는 언제나 어려웠고 가끔은 거의 불가능했다."라고 했습니다. 대문호에게도 글쓰기는 쉽지 않았나 봅니다. 하물며 우리 아이들은 글쓰기가 어려워질 수밖에 없는 편리한 디지털 시대에 살고 있습니다. 여기에 암기, 숙제, 시험으로 글쓰기를 만나니 얼마나 재미가 없을까요. 긍정적인 쓰기 태도를 통해 아이가 글쓰기와 친해지고 글쓰기를 즐거운 것으로 여기기를 바랍니다.

# 좋은 글쓰기란
# 무엇인가?

아이의 글을 봐 주는 건 쉽지 않습니다. 초등학생이 써야 할 글의 기준을 잡기 어렵기 때문입니다. 부모도 제대로 된 글쓰기 교육 한 번 받지 않고 사회에 나오는 경우가 많아 더 그렇습니다. 남들은 도대체 어떻게 가정에서 글쓰기 교육을 하는지 알 수도 없는 노릇입니다. 이 고민을 조금이라도 덜어드리기 위해 준비했습니다. 초등학교에서 활용하는 기본적인 글쓰기 방법입니다.

### ■ 좋은 글은 어디에서 시작하는가 ■

교육자이자 아동문학가인 이오덕 선생님은 '글쓰기는 아이들의 삶을 가꾸는 것'이라고 하였습니다. 즉, 좋은 글은 아이의 삶에서 시작되어야 합니다. 그래야 살아 있는 글이 됩니다.

우리는 모두 각자의 삶을 살아가면서 다양한 경험을 하고 다양한 감정을 느낍니다. 아이들도 예외가 아닙니다. 아이들도 주변 환경과 상호 작용하며 성장하고, 새로운 사건을 경험하면서 자신만의 감정과 생각을 형성합니다. 이때 하고 싶은 말을 글자로 적어 보는 것이 글쓰기입니다. 글쓰기는 아이의 경험과 감정을 표현하는 과정으로 아이들에게 소통과 표현의 도구가 됩니다.

가족과 함께한 여행 이야기, 엄마가 만들어 주었던 맛있는 음식 이야기, 친구와 놀았던 이야기, 친구나 가족과의 갈등 이야기 등을 통해 아이들은 솔직한 심정이 드러나는 글을 씁니다. 그리고 느낀 감정이나 교훈 등을 표현합니다. 친구와 싸운 아이는 답답한 심정을 담은 글을 쓰며 성장합니다. 상상하는 것을 좋아하는 아이는 머릿속에 펼쳐지는 이야기를 풀어내며 자신만의 세계를 창조합니다. 아이들은 자신의 일상생활과 머릿속의 이야기를 글로 나타낼 수 있습니다.

**좋은 글은 관찰과 교감에서 시작합니다.** 아이들은 자연, 사람, 동물 등 주변의 다양한 요소에 주목하고 세부 사항을 관찰합니다. 과학 시간에 식물 줄기의 단면을 관찰하는 협소한 의미의 관찰뿐 아니라, 일상 속 겪은 일과 함께한 친구들의 모습, 감정을 관찰하는 것까지 포함됩니다. 관찰은 아이들에게 풍부한 글쓰기 소재를 제공합니다.

**좋은 글은 아이의 호기심과 탐구심에서 시작합니다.** 초등학생 자녀를 둔 부모라면 아이들의 끝없는 질문과 호기심을 겪어보셨을 겁니다. 아이들은 세상을 탐험하며 새로운 것을 알아가는 과정에 큰 흥미를 느낍니다. 흥미로운 내용과 지식은 글쓰기에 있어서 중요한 아이디어의 원천이 됩니다. 예를 들어, 살면서 처음 알게 된 내용이나 과학 시간에 실험하면서 알게 된 탐구 내용은 아이들에게 인상 깊은 글의 주제가 됩니다. 아이의 호기심과 탐구심이 향한 주제가 글쓰기로 이어지면, 자기 생각을 풍부하게 할 수 있습니다.

### ■ 좋은 글쓰기를 위해 부모가 명심해야 할 점 ■

**부모는 아이가 쓴 글을 존중해야 합니다.** 주제를 제한하거나 부모의 기호에 맞춰 글을 꾸미게 하면 아이는 제대로 된 글을 쓸 수 없습니다.

아이가 '아빠가 술을 마시고 늦게 들어와서 엄마와 싸운 이야기'를 쓴다면, 부모로서는 부끄럽겠지요. 이런 이야기는 아이가 글로 표현하기도 전에 각색될 확률이 99%입니다. 부모가 부정적인 글쓰기를 금기시하기 때문입니다. 그러나 아이의 경험과 감정이 솔직하게 표현된 글을 존중해 주세요. 아이들은 부모님이 싸울 때 느껴지는 감정을 풀어내며 위로받을 것입니다.

글쓰기 교육자 상당수가 "욕 빼고 다 써라."라고 조언합니다. 긍정적인 감정, 부정적인 감정 모두 우리가 살아가면서 겪게 되는 자연스러운 감정이자 다양한 글을 통해 접하게 되는 감정입니다. 긍정적인 감정을 글로 표현하는 것은 감사하는 태도를 강화하고, 부정적인 감정을 글로 표현하는 것은 자기 이해와 정서적 해소 및 치유를 경험하게 합니다. 아이들의 글은 때론 슬프고, 때론 재미있고, 때론 감동적입니다. 그대로 받아들이면 됩니다.

**부모는 욕심을 내려놔야 합니다.** 책에 나온 우수한 글을 따라 쓰게 하거나, 글쓰기 법칙을 강요해서는 안 됩니다. 어릴 때 일기를 쓰는데 '나는'과 '오늘'을 쓰지 말라는 명령(?)을 받고 한동안 마음껏 글을 적지 못했던 기억이 납니다. 만들 수 있는 문장에 한계가 생기는 순간, 담고 싶은 감정을 표현하는 데도 한계가 생기는 느낌이었습니다. 좋은 글의 법칙, 문법, 맞춤법 등에 지나치게 얽매이지 마세요. 어른들의 시각에서 성에 차지 않는 글이더라도, 아이들의 자연스러운 표현과 아이디어를 존중하세요.

중요한 것은 아이들의 발달 단계에 맞는 방법과 수준을 고려하는 것입니다. 글쓰기 능력이 발달하기 전에는 자기 생각 표현하기가 힘들 수 있습니다. 유럽의 대다수 선진국과 미국은 초등학교 1학년 아이들에게 글쓰기를 강요하지 않습니다. 아이들이 하는 말을 교사가 받아적는 식으로 글쓰기가 진행됩니다. 글을 쓰는 그 자체보다는 아이의 생각이 중요하기 때문입니다. 아이의 발달 과정에 맞지 않는 글쓰기는 오히려 아이의 발달을 저해할 수 있습니다.

### ▪ 언어적 요소 살펴보기 ▪

글을 쓸 때 언어적 요소를 강요하는 것은 자유로운 글쓰기를 방해합니다. 그러나 기본적인 언어 요소를 갖추어야 전달력이 향상

된다는 점을 부정할 수는 없습니다. 명확하고 구체적으로 생각을 전달함으로써 글이 모호해지는 것을 방지할 수 있으니까요. '아이의 삶을 담은 이야기를 자유롭게 쓰면 됩니다'라는 제 이야기에 언어적 요소가 신경 쓰이는 분들은 다음 내용을 참고하시길 바랍니다. 가장 기본적인 언어적 요소만 제시할 테니, 아이의 창의성을 억압하지 않는 범위 내에서 활용하시길 바랍니다.

**좋은 글을 쓰려면 문장이 짧아야 합니다.** 짧은 문장은 독자의 이해력과 가독성을 높입니다. 문장을 길게 쓰는 아이들의 글을 읽어보면 대부분 '~고', '~데', '~해서' 천국입니다. '나는 어제 밥을 먹었는데, 갑자기 엄마가 방을 치우라고 해서 치웠는데, 숙제를 안 해서 방으로 들어갔는데, 갑자기 동생이 놀아달라고 해서 놀아줬는데, 놀다가 숙제를 깜빡하고 숙제를 안 해와서 모둠 활동을 했는데, 친구들과 토론하기가 힘들었다.' 이런 식입니다. 한 문장이 3~8줄 정도 이어진다면 문장을 쪼개어 의미 전달이 되도록 지도해 주세요.

**좋은 글을 쓰려면 문장의 호응 관계를 고려해야 합니다.** 문장에서 앞의 말과 뒤의 말이 짝을 이루는 것을 문장 호응이라고 합니다. 호응이 되지 않는 문장은 뜻이 잘못 전달되거나 어색합니다.

'나는 동생보다 키와 몸무게가 더 무겁다.'라는 문장을 보면, 주어와 서술어가 호응하지 않아 어색하게 느껴집니다. '나는 동생보다 키가 더 크고, 몸무게가 더 무겁다.'라고 써야 합니다. 호응 관계를 알려줄 때는 관련 지식을 암기식으로 알려 주기보다, 아이가

4장 글쓰기 - 문해력 완성

자주 틀리고 어려워하는 문장으로 지도하는 게 효과적입니다.

　아이의 글을 봐주기 위해 부모가 알아야 할 호응 관계의 종류는 크게 3가지입니다. 첫째, 시간을 나타내는 말과 서술어의 호응입니다. '나는 **어제** 재미있는 동화책을 **읽었다.**', '**내일** 도서관에 갈 **거야.**'가 그 예입니다. 둘째, 높임의 대상을 나타내는 말과 서술어의 호응입니다. '**아버지께서** 청소를 **하신다.**', '**할머니께서** 맛있는 떡을 **주셨다.**'가 그 예입니다. 셋째, 동작을 당하는 주어와 서술어의 호응입니다. '**물고기가** 낚싯줄에 **걸렸다.**', '**동생이** 누나에게 **업혔다.**'가 그 예입니다. 이는 초등학교 5학년 1학기 교과서에 나오는 내용으로, 고학년 아이를 지도할 때 참고하면 좋습니다.

　초등학생이라면 정직하고 자유로운, 자기 삶을 그대로 쓴 글이면 충분합니다. 아이의 삶에서 시작되는 생생한 글은 아이의 관찰과 교감, 호기심과 탐구심에서 비롯됩니다. 부모는 아이가 쓴 글을 존중함으로써 아이의 글쓰기 활동을 장려해 주세요. 아이의 글을 어른의 시각에 맞는 좋은 글로 바꾸려고 해서는 안 됩니다. 필요에 따라 글의 전달력을 높이는 언어적 요소를 지도할 수는 있으나, 쓰고 싶은 것을 마음껏 쓸 수 있는 환경이 가장 우선입니다.

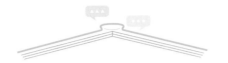

# 글을 쓰려면
# 글감을 모아야 한다

글쓰기를 막막하게 하는 요인 중에 대표적으로 꼽히는 것이 '소재 찾기'입니다. 글쓰기를 어려워하는 아이 대부분은 쓸 게 없다고 합니다. 그도 그럴 것이, 아이들의 일상은 하루하루가 도돌이표입니다. 학교, 집, 학원을 반복하니 글로 쓸 만한 특별할 게 없어 보입니다. 글쓰기 대부분이 체험을 바탕으로 자기 생각과 느낌을 쓰는 것인데 재료가 참 제한적입니다. 그렇다면 글감을 어떻게 모을까요? 글감을 모으는 다양한 방법을 소개합니다.

### ■ 관찰을 통한 글감 모으기 ■

나뭇잎을 색칠하라고 하면 대다수 아이가 초록색으로 칠합니다. 그러나 나뭇잎을 자세히 관찰하게 한 뒤 색칠하라고 하면 아이들은 참 다양한 색을 사용합니다. 나뭇잎이 한 가지 색이 아니라는 사실을 알았기 때문이죠. 햇빛을 받은 나뭇잎은 밝게 보이고, 그림자가 드리운 나뭇잎은 어둡게 보입니다. 나뭇잎의 상태에 따라 노랗거나 검게 변한 부분도 눈에 띕니다. 글쓰기도 마찬가지입니다. 일상을 '보는 것'과 '자세히 보는 것'은 다릅니다. 같은 하루를 초록색 덩어리로만 쓸 수도 있고, 밝고 어둡거나 색이 조금씩 다른 삶의 모습을 쓸 수도 있습니다. 주의를 기울여 보면 자세히 보이고 구체적으로 표현할 수 있습니다.

특별한 하루가 아니어도 괜찮습니다. 아주 사소한 무엇이든 글감이 될 수 있으니까요. 관찰을 통해 글감을 발견하게 해보세요. 본 대로, 느낀 대로, 생각나는 대로 글을 쓰면 됩니다.

아이들에게 미각, 후각, 시각, 촉각 등의 모든 감각을 사용하게 하세요. 관찰은 사물을 세심히 보고, 정확히 표현하도록 합니다. 구체적 이미지를 텍스트로 옮길 수 있습니다.

글감을 찾아 가까운 공원이나 산책로를 걸어보세요. 시간에 따라 다른 모습을 보여주는 장소를 관찰하면 좋습니다. 등굣길에 지나치는 나무의 변화, 나비의 날갯짓과 곤충의 활동, 산책로에서 본 사람들을 접하며 새로운 소재를 발견할 수 있습니다. 그 순간의 배경과 감정을 충분히 관찰하게 하세요. 기록하게 해주어도 좋습니다.

**관찰은 아이들에게 다양한 글감과 이야기를 제공합니다.** 글을 쓰기 전에 부모와 주제에 관한 대화를 나누면 쓸 거리가 풍부해집니다. 대화는 아이의 사고를 자극하고, 적절한 소재를 발견하게 합니다. 아이가 기억하지 못한다고 타박하거나 독촉하는 것은 금물입니다. 아이가 관심 보인 것이나 재미있어한 것을 기억하도록 유도하는 게 좋습니다.

교훈을 주입하거나 아이가 기억했으면 좋을 것 같은 점을 강요하는 것도 안 됩니다. 아이는 이에 관심이 없을 수 있고, 심지어 생각하기 싫을 수도 있습니다. 그런 소재를 글로 적는 아이는 당연히 쓸 말이 없게 될 것입니다.

### ■ 만다라트 기법을 활용한 글감 모으기 ■

**글감을 모으기 위해 시각적 도구를 사용할 수도 있는데, 이 중 만다라트 기법(연꽃 기법)은 주제를 중심으로 생각을 확장하고 구체화하는 데에 유용합니다.** 만다라트 기법은 일본의 디자이너 이마이즈미 히로아키가 '만다라'의 모양에서 영감을 얻어 고안한 발상 기법입니다. 만다라트의 중심에 주제를 적고, 그 주위에 가지를 그려 세부 주제, 아이디어, 사실 등을 표현합니다. 가지들은 또 다른 세부 가지로 분할될 수 있으며, 이를 통해 구체적인 아이디어를 도출할 수 있습니다.

이 기법은 새로운 아이디어를 떠올리고 구체화하기에 매우 효과적입니다. 아이들은 가지를 뻗어 내면서 생각의 흐름에 따라 더 많은 글감을 떠올릴 것입니다. 글감을 시각화하고 연결점을 찾아내는 과정도 새로운 생각과 느낌을 떠올립니다.

만다라트 기법은 다양한 관점의 생각을 끌어올리는 데 효과적입니다. 글감을 떠올리지 못하는 아이들은 생각을 꺼내는 연습이 부족해서일 수도 있습니다. 그러나 이런 아이들도 생각 꺼내기 연습을 하면 금방 수십 개의 다양한 어휘를 꺼내놓습니다. 이렇게 꺼낸 소재를 활용하여 멋진 아이디어와 표현 활동을 즐기기도 합니다.

만다라트 기법은 글감을 세분화하고 생각을 구조화합니다. 주제에 따라 다양한 아이디어를 조직화하고 구체화하는 것은 글을 쓰는 데 도움이 됩니다. 구조적인 틀을 활용해 글을 쓰면 짜임새 있고 일관성 있는 글을 쓸 수 있습니다. 글을 쓰라고 하면 어떻게 써야 할지 막연해하는 아이에게 활용해 보세요. 큰 주제에서 작은 주제로 좁히도록 지도하면 됩니다. 아이는 이 과정에서 이야기를 구성하는 일이 무엇인지 직관적으로 배웁니다.

주제: 1학기

| 더운 | 쓰레기 줍기 | 미션 | 대관데 이션 | 대표 제주 | 전체 제주 | 점심밥 | 다이빙 | 물놀이 |
|---|---|---|---|---|---|---|---|---|
| 신남 | 비둘기 공원 | 철숙 꼬기 | 친구들 | 체육 대회 | 컵 쌓기 | 즐거운 | 서핑 | 생존수영 |
| 친구 | 놀이더 에서놀기 | 배경 그리기 | 노래 | 신남 | 줄넘기 | 친구들 | 선생님 | 수업 |
| 민신 사진 | 점프샷 | 단체 사진 | 비둘기 공원 | 체육 대회 | 서핑 | 관람 | 설명 | 강사 선생님 |
| 사진 작가 | 졸업 사진 | 친구 | 졸업 사진 | 1학기 | 아트캠 버스 | 스티커 붙이기 | 아트 캠버스 | 신기함 |
| 기분 좋음 | 긴장 | 직전 | 뮤지컬 | 팝스 | 한국화 | 비움 | 이해 안됨 | 재밌는 |
| 안 보임 | 친구 | 배우들 | 왕복 오래달리기 | 힘듦 | 체육 선생님 | 붓 | 선생님 | 깨싹봐 |
| 쩌렁남 | 뮤지컬 | 발표 | 완성성 | 팝스 | 친구들 | 먹물 | 한국화 | 이동 박물관 전시 |
| 부러움 | 지루함 | 웃김 | 악력 | 제자리 멀리뛰기 | 더운 | 재밌음 | 신기함 | 어려운 |

| 서핑 체험 | 장마 | 방학 |
|---|---|---|
| 아이스크림 | 여름 | 파란색 |
| 수박 | 더위 | 반팔 티 |

## ▪ 점착 메모지를 활용한 글감 모으기 ▪

**점착 메모지를 활용한 글감 모으기는 많은 아이디어를 도출한 다음 구조화하는 방법입니다.** 만다라트 기법이 구조화된 틀을 활용하여 다양한 생각을 해내는 활동이라면, 점착 메모지로 하는 활동은 그 반대입니다.

먼저, 주제를 정하고 점착 메모지 한 장에 쓰고 싶은 내용을 간단히 적습니다. 그리고 각각의 점착 메모지에 하나의 아이디어나 주제를 작성합니다. 이때 아이들은 자유롭게 생각하는 것에 집중하며 어떠한 틀에도 얽매이지 않아야 합니다. 아이디어의 질과 관계없이 최대한 많은 아이디어를 내도록 합니다. 다음으로, 적은 내용을 참고하여 작성하고자 하는 글의 대략적인 차례를 정합니다. 그리고 정한 차례에 맞춰 점착 메모지를 순서대로 붙입니다. 비슷한 내용끼리 모아 붙이면 아이디어가 구조화되고, 아이들은 자기 생각을 바탕으로 글의 흐름을 만들 수 있게 됩니다.

점착 메모지를 활용해 글감을 모으는 활동은 아이들의 창의력을 자극하고 마음껏 사고한 과정을 발산하게 합니다. 또 자기 생각을 자유롭게 표현하는 것을 글쓰기의 첫 번째 접근으로 삼으니 글쓰기에 대한 부담감도 해소할 수 있습니다. 아이디어가 많고 틀에 얽매이는 걸 싫어하는 아이들에게 효과적인 방법입니다.

점착 메모지로 자유롭게 작성한 생각은 필요에 따라 구조화할 수

있습니다. 글감을 구체화하는 과정에서 시간의 흐름에 따른 조직
도, 생각 그물, 마인드맵 등을 활용할 수 있습니다. 흔히 사용하는
마인드맵의 활용을 예로 들어보겠습니다. 중심 소재가 적힌 점착
메모지를 가운데에 붙인 뒤 뻗어나가는 선을 그리고, 관련된 소재
가 적힌 점착 메모지를 알맞게 붙입니다. 선은 중심 단어에 가까울
수록 두껍게, 멀어질수록 얇게 그립니다. 주요 가지의 색깔을 다르
게 사용하여 글감들을 구분할 수도 있습니다. 복잡한 생각을 더욱
명확하게 시각화함으로써 주제 간의 관계를 파악하게 되면서, 논리
적으로 체계적인 글을 쓸 수 있게 됩니다.

**해보기 |** 점착 메모지 활용하기

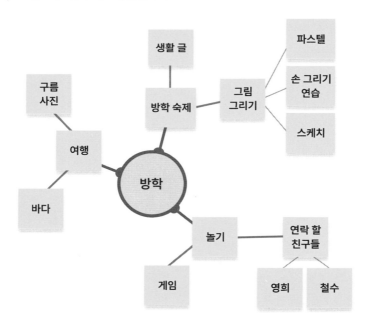

글감은 멀리 있지 않습니다. 소소한 일상도 글감이 될 수 있다는 걸 기억하고 도구를 이용해 효과적으로 글감을 모을 수 있도록 도와주세요. 관찰, 대화, 다양한 시각적 도구를 활용하면 아이들의 글쓰기 부담을 줄여줄 수 있습니다. 아이들은 다양한 아이디어를 발전시키고 글을 풍성하게 쓰는 경험을 통해 창의적인 글쓰기를 할 수 있습니다.

# 문해력을 높이는 글쓰기 실전 1
## - 생활 글 -

초등학생의 글쓰기를 생각했을 때 가장 먼저 떠오르는 건 생활 글입니다. 생활 글은 아이들이 많이 하는 글쓰기 중 하나이자 아이의 삶과 가장 가깝고 진솔한 글입니다. 그러나 생활 글 쓰기를 좋아하는 아이가 많지 않은 게 현실입니다. 어렵고 하기 싫은 숙제로 여겨지기도 합니다. 아이들은 생활 글을 조금이라도 빨리 쓰기 위해 글씨를 크게 쓰기도 하고, 한쪽으로 몰아서 쓰기도 하고, 띄어쓰기 간격을 넓히기도 합니다. 부모는 평생을 함께하는 효과적인 문해력 향상 방법인 생활 글 쓰기를 좋아하고 즐겨 쓸 수 있도록 도와야 할 것입니다.

### ■ 생활 글이란 무엇인가 ■

레오나르도 다빈치는 어떤 인물을 그리고자 할 때 대상의 성격과 본성을 깊이 생각한 뒤, 해당 특성을 가진 사람이 많은 장소에 가서 그들의 얼굴, 행동, 옷, 움직임을 면밀하게 관찰했다고 합니다. 관찰하면서 눈에 띄는 것이 있으면, 작은 노트를 꺼내 펜으로 스케치했습니다. 이것을 반복해 아주 많은 양의 스케치를 모아 그림을 그릴 준비를 하고, 그릴 때는 정교하게 그리는 데 집중했습니다.[24]

글쓰기에서 '레오나르도 다빈치의 스케치'는 무엇일까요? 바로 생활 글입니다. 약간 과장하자면, **초등 글쓰기는 생활 글 쓰기 하나로 모두 가르칠 수 있을 정도입니다.** 생활 글이란, 일상에서 경험한 사건과 감정을 담은 글로, 아이들의 재미와 감동, 삶의 태도가 드러납니다. 실제로 초등학교 국어 교과서에는 '생각이나 느낌을 문장으로 나타내기' 활동이 문장 표현의 첫 단계로 제시되어 있습니다.

글을 잘 쓰기 위해서는 생활 글 쓰기가 바탕이 되어야 합니다. 이는 훗날, 다른 글을 쓸 때 다양한 형태로 변주되어 활용될 것입니다.

**생활 글 쓰기는 아이들이 보고 느낀 것을 풀어내는 동시에 자기 생각을 발전시키는 기본적인 글쓰기입니다.** 아이는 글을 쓰면서 자기 삶을 살펴보게 됩니다. 자기 이해에서 나아가 다양한 각도에서 내 삶을 바라보는 경험을 하는 것입니다. 특히, 초등 시기는 미래에 대한 호기심과 불안을 느끼며 자기 생각과 감정이 쌓여가는 시기입니다. 생활 글 쓰기를 하면 성장의 경험을 솔직하게 표현할 수 있습니다.

생활 글은 아이의 개성과 의도에 맞게 생활 서사문, 생활 감상문, 생활 시 등으로 다양하게 쓸 수 있습니다.

생활 서사문은 아이가 직접 보고 듣고 겪은 사실을 그대로 쓴 것입니다. 일기가 가장 대표적이며 기행문, 관찰 일기도 이에 해당합니다. 생활 감상문은 작품 등을 감상한 후에 느낀 점과 생각을 적은 글입니다. 독서 감상문, 영화 감상문이 그 예입니다. 생활 시는 생활 속에서 일어나는 경험과 느낀 감정을 함축적이고 운율적인 언어로 표현한 글입니다.

■ *생활 글의 주제 정하기* ■

생활 글을 쓰기 위해서는 일단 주제를 정해야 합니다. 글의 방향성과 내용을 일관되고 명확하게 하기 위한 중요한 단계입니다. 주제는 기억에 남는 일, 평소와 다른 변화, 오늘의 특징, 늘 같은 사건, 관심사, 상상하고 싶은 일 등을 고려해 정할 수 있습니다. 생활과 관련성이 높거나 흥미로운 주제를 선택하면 글을 풍부하고 생동감 있게 쓸 수 있습니다. 다음과 같이 주제를 정해 보세요.

---

1. 눈을 감고 하루 동안 있었던 일들을 회상합니다.
2. 회상하며 떠오르는 단어를 노트에 나열해 보거나, 만다라트 표 또는 점착 메모지 같은 보조 도구에 적어봅니다.

---

아이가 주제를 정하지 못해 어려움을 겪는 경우, 몇 가지 아이디어만 있으면 재미있게 생활 글을 쓸 수 있습니다. 가끔은 부모가 제목을 내어 주어도 됩니다. 쓰고 싶은 마음이 왕성하게 일어나는 제목을 정했다면 생활 글쓰기의 반은 성공했다고 할 수 있습니다.

💬💬 더 알기 | 다양한 생활 글 주제

### 1. 관심사

아이는 관심을 둔 대상에 대한 생활 글을 쓸 수 있습니다. 과일, 식물, 공룡, 사람, 자동차 혹은 오늘 본 것 중에서 주제를 찾습니다. '급식에 나온 수박'을 주제로 하여 '올해 먹는 첫 수박'이라는 경험; '이제 여름이 오는 느낌이 든다'라는 생각, '수박의 빨간 과육과 달콤하고 시원한 맛을 강조하는 표현'을 쓸 수도 있습니다. 왜 그것에 관심이 생겼는지, 관심사에 대해 내가 생각하고 있는 것이 무엇인지 등을 떠올리며 생활 글을 작성합니다. 소개하는 글, 시의 형식으로 쓸 수도 있습니다.

### 2. 놀이

아이가 쉬는 시간에 했던 놀이는 좋은 글감입니다. 학교에 다니는 아이들이라면 모두 10분의 쉬는 시간이 아쉬울 만큼 달콤한 휴식 시간을 보냅니다. 게다가 점심 식사 후 남는 시간은 신나게 놀기에 딱 좋은 시간입니다. 쉬는 시간에 어울린 친구, 함께한 놀이, 놀이 방법과 과정, 놀이 후의 느낀 점, 친구와 더 잘 놀려면 어떻게 말하고 행동해야 하는지에 대한 생각, 다짐 등을 적을 수 있습니다. 함께 논 친구에게 편지 형식의 생활 글을 써도 좋습니다.

### 3. 만약에

아이들은 상상 속에서 뭐든 될 수 있습니다. '내가 만약 엄마라면?', '내가 만약 원하는 능력을 아무거나 한 가지 가질 수 있다면?', '내가 만약 축구 선수라면?', '내가 만약 로봇이라면?', '내가 만약 구름이 된다면?', '만약에 팔이 3개라면?', '만약에 선생님이 남자/여자가 된다면?', '만약에 선생님이 1년 동안 숙제를 하나도 안 내준다면?', '만약에 우주인이랑 만나게 된다면?' 등 끊임없이 생활 글 소재를 떠올릴 수 있습니다. 엉뚱하거나 황당한 상상도 좋으니, 갑자기 떠오른 상상을 놓치지 않고 글로 써 보면 좋습니다.

### 4. 유튜브

유튜브는 아이들의 삶 속 일부가 되었습니다. 아이들은 여가 생활, 정보 탐색 등 다양한 이유로 유튜브를 시청합니다. 어차피 피할 수 없는 일이라면 유튜브에서 본 내용을 주제로 생활 글을 작성해 보아도 좋습니다. 동영상만 시청하면 수동적인 사고를 하게 되지만, 시청한 영상을 생활 글로 작성하면 영상을 분석하게 됩니다. 자신의 관점을 구체화하거나 새로운 생각을 떠올려 영상을 깊이 있게 이해하게 됩니다. 유튜브 제목, 유튜버 소개, 이 영상을 좋아하는 이유, 영상을 보고 난 후 재미있는 부분이나 느낀 점 등을 적어 보면 좋습니다.

### 5. 타임머신

과거로 돌아가거나 미래를 상상해 보는 내용을 생활 글로 적을 수 있습니다. 몇 년 전으로 돌아가서 5살의 내가 겪게 되는 일들을 적어 보고, 5살의 내가 부모님과 하고 싶은 일들을 적어볼 수 있습니다. 5년 뒤, 10년 뒤, 20년 뒤의 내가 어떤 모습일지 상상하며 생활 글을 쓸 수도 있습니다. 멋진 대학생이 된 나의 모습, 꿈을 이룬 모습, 미래의 배우자 등을 상상해 글로 쓸 수 있습니다.

## ▪ 생활 글 써보기 ▪

생활 글 중 아이들이 주로 쓰는 일기를 예로 들어보겠습니다. 일기는 일어난 일과 생각이나 느낌이 합쳐진 글입니다. 이때 '일어난 일'에는 언제, 어디에서, 누구와, 무엇을 하였는지를 씁니다. 아이들은 주로 '한 일'에 치중하여 글을 쓰는 경향이 있으니, 들은 일과 본 일도 두루두루 들어가도록 지도합니다. '들은 일, 말한 일'을 쓸 때는 따옴표를 넣는 대화체로 쓰면 특별한 기교를 부리지 않아도 글이 생생해집니다. 생각이나 느낌을 실감 나게 표현하기 위해 다양한 비유적 표현을 사용할 수도 있습니다.

4장 글쓰기 - 문해력 완성

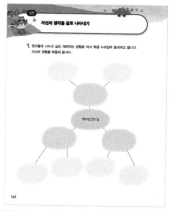

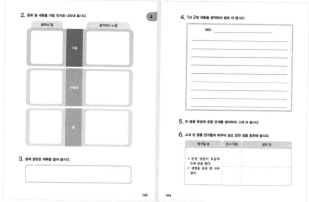

국어 5-1(가) 4. 글쓰기의 과정표

풍부하고 생생한 일기를 쓰기 위해 부모와 대화하는 것도 좋은 방법입니다. 아이는 부모와의 대화를 바탕으로 글의 내용을 이끌어 갑니다. 함께 나눈 이야기를 재창조해 내는 연습도 글쓰기 능력 향상에 도움이 됩니다. 이 중 질문과 답을 번갈아 대화하는 방식은 아주 유용합니다.

아이가 일기에 '재미있었다'라는 한마디로 모든 느낌을 나타냈다

면, "재미있었어? 뭐가 재미있었는데? 왜 그렇게 생각해?"와 같은
질문을 해볼 수 있습니다.

> 엄마와 함께 백화점에 갔다. (왜 갔지?) 옷을 사러 갔다. (왜 옷을 사러 갔지?)
> 졸업사진 찍을 때 입을 단정한 옷이 필요했기 때문이다. (왜 졸업앨범을
> 촬영할 때는 단정한 옷을 입지?) …

만다라트 기법을 활용해 글감을 모을 수도 있습니다. 만다라트를
두세 번 정도 거쳐 모은 글감을 문장으로 나타내면 됩니다.

만다라트 한 칸이 한 문단이 되게 나열해 보면, 총 여덟 문단이 됩
니다. 이 중 작성하고 싶은 내용을 5~8개 정도 골라 작성합니다. 아
무리 짧은 경험도 여러 문장으로 나누어 적을 수 있게 됩니다. 아이
에 따라 다르지만, 보통 일기를 쓸 때는 저학년은 3~5줄, 중학년은
5~10줄, 고학년은 10~15줄 정도가 적당합니다.

**생활 글을 쓰기 위해서는 충분한 활동이 필요합니다.** 육아 대디
이자 글쓰기 선생님으로 유명한 권귀헌 작가는 "나는 마지막 원고
지 다섯 장을 쓰게 하려고 짧게는 30분, 길게는 몇 시간을 아이들과
함께한다. 내가 떡볶이를 만들면 아이들은 관찰하고 메모한다. 그
리고 마지막 30분을 할애해 원고지를 쓴다. 모든 순간이 글의 재료
이다."라고 하였습니다. 생활 글의 주제가 되는 활동을 충분하게 할
수 없다면, 생활 글을 쓰기 위한 충분한 생각 과정, 시간을 제공해

주어야 합니다. 무엇을 쓸지 고민하며 쉽게 적지 못하는 아이들을 기다려 주어야 합니다.

초등 글쓰기는 아이의 마음속에 있는 이야기가 깨어나도록 해주는 것입니다. 생활 글은 아이들이 보고 느낀 것을 진솔하게 담은 글로 글쓰기의 기본이 됩니다. 생활 글의 주제를 정하기 위해 하루 동안 있었던 일을 회상하며 주제를 찾거나, 주제를 떠올리기 위한 아이디어들을 활용할 수 있습니다. 풍부한 생활 글 쓰기를 위해 부모와의 대화, 만다라트 기법을 활용하면 좋습니다. 글을 한 편 완성한 아이들은 큰 성취감을 느낍니다. 글쓰기를 통한 성취감을 느낄 수 있도록 아이에게 충분한 경험과 생각 과정을 제공해 주어야 합니다.

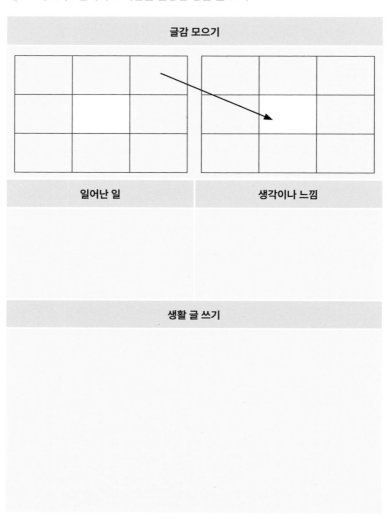

## 글감 모으기

### 일어난 일

### 생각이나 느낌

## 생활 글 쓰기

## 글쓰기 재료 모으기

| | | | | | |
|---|---|---|---|---|---|
| 어버이 공개일 '리버브드'봄. | 국악 연구를 봄. | 나는 모둠은 다 만들었다고 알고 있었는데 우리 모둠은 | 선생님이 갑자기 김신다 하셔서 약간이 처피 두려웠었다. | 내 인생에 최악의 김밥이 있었다. | |
| 체육대회 2023년도 | 새로운 친구를 사귐. | 오늘 응 잘르고 약간이 김밥 만들 있음 | | 김밥 절반 맛없었음. | |
| 연성 인형뽑기 성사 시킴. | 김밥 만듦. 지평감. | 한놈은 김밥을 못만고 있음 | 김밥 만든다가 갑자 남 | 모둠을 나누고 일주 전에 시골여락 있었음. | |

## 일어난 일

모둠을 나누고서 김밥 만들기 전에 엄청 시골여락 했었다. 다른 모둠이 다 만들었을 때 우리 모둠은 아직도 적고 있었음. 그러다가 김밥 참사 났다. 한놈은 김밥을 못싸고 있고, 한놈은 응 잘으로 약간 응. 먹고 난후 많이 엄청 맛없었음.

## 생각이나 느낌

내 인생의 최악의 김밥과 이었음. 만들다가 귀찮아졌다. 만들기 부터 느낌이 심상치 않았었음.

## 생활글 쓰기

(도입 없어요X) 2023. 7. 20. 목.

오늘 김밥을 만들거로 했다. 모둠을 나누고 김밥 만들기 전에 엄청 시골여락 했었다. 나는 그때 만들기 전에 부터 느낌이 심상치 않았었다. 그러고서는 우리는 김밥을 만들기 시작했다. 다른 모둠은 다 만들었는데 우리 모둠은 아직도 만드는 중이였다. 다 만들었을 때 쯤 선생님께서 김밥을 김놓라 수신으로 하셨다. 바로 그때 아이들이 엄청 몰려 들어서 나도 얼른 겼었다. 그때 진심으로 긴짜였다. 김밥은 다 정르고 돌아오고 나서 김밥은 이만 먹었다. 처음에는 괜찮았는데 걸결 맛이 없어지고 있었다.

# 문해력을 높이는
## 글쓰기 실전 2
### - 독후감 -

방학식 일주일 전 방학 계획서를 나눠주며 전달 사항을 안내했습니다. 맨 앞 장에 쓰여 있는 필수 방학 숙제에 적힌 '독서하기'를 확인한 아이들이 두 눈을 시퍼렇게 뜨고 질문합니다. "선생님! 독서록도 써요?" 안 써도 된다고 하니 그제야 안도의 한숨을 내쉽니다.

독후감은 책을 싫어하는 아이는 물론 책을 좋아하는 아이들도 꺼리는 활동입니다. 심지어 책을 재미있게 읽었다는 아이도 쓸 말이 없다고 하곤 합니다. 이럴 때 우리가 할 일은 책을 읽고 표현하도록 돕는 일입니다. 돕지 못하면 아이들은 독후감에 짓눌리고 맙니다. 아이들이 쉽게 독후감을 쓸 수 있는 가이드라인을 제시할 테니 참고하시길 바랍니다.

#### ■ 독후감이란 무엇인가 ■

독후감은 독서 후 독서 경험에 대한 생각과 감정 등을 정리한 글로, 책의 내용 파악하기, 내용 요약하기, 소감 나누기가 종합적으로 포함된 표현 활동입니다. 독후감은 생활 글과 마찬가지로 초등학교 6년 내내 아이들과 함께하는 글쓰기이자 좋은 쓰기 연습법으로 꼽히는 활동입니다.

**그러나 아이들에게 독후감 쓰기는 어렵기만 합니다.** 책 읽기만으로도 상당한 사고력이 요구되는데, 읽고 글까지 써야 한다니 아이들로서는 엄청난 일입니다. 어떻게 줄거리를 요약할지, 생각과 느낌을 어떻게 쓸지 그리고 이를 어떻게 적절하게 섞어 한 편의 글로 완성할지 막막할 것입니다. 그래서인지 아이 대부분이 줄거리를 대충 써낸 뒤 마지막에 '재미있었다.', '~을 본받아야겠다.'라는 말로 마무리합니다.

사실 독후감은 어린이나 글쓰기 초보자도 쉽게 쓸 수 있는 글입니다. 생활 글처럼 글감을 모으지 않아도 되고, 논설문처럼 자료 조사를 하지 않아도 되고, 설명문처럼 정보를 수집하고 공부하지 않아도 됩니다. 읽은 책 속에 제시된 글감으로 인상 깊은 내용을 찾아 자신의 마음을 탐색해 알아보거나 알게 된 지식을 표현하는 것만으로도 충분합니다. 그리고 아이의 독후감 쓰기를 도울 때는 탐색과 표현에 초점을 맞추면 됩니다.

**앞서 독후감 쓰기를 강요하면 안 된다고 했지만, 이는 아이에게 분명히 추천할 만한 활동입니다.** 책을 통해 진정한 삶의 변화를 이루려면 읽는 것만으로 부족합니다. 백날 자기 계발 서적을 읽어봤자 그대로인 사람이 태반인 것은, 충분히 사유하지 못하고 실천으로 이어지지 못한 까닭입니다. 반쪽짜리 책 읽기가 되어버리는 셈입니다. 책이 전하는 메시지와 나의 느낌을 진정으로 되짚어 보고 마음에 새기기 위해서는 글쓰기를 병행해야 합니다. 책은 읽은 뒤가 더 중요합니다.

### ■ 3단계 독후감 쓰는 법 ■

독후감에 정해진 형식은 없습니다. 지금 제시하는 기본적인 형식도 수많은 독후감의 종류 중 하나일 뿐입니다. 그러나 기본을 알아야 전체적인 균형 감각을 이룰 수 있을 것입니다. 처음, 가운데, 끝의 '3단계 독후감 쓰는 법'에 따라 독후감을 작성해 보겠습니다.

**첫 부분에는 이 책을 읽게 된 이유, 동기를 적습니다.** 선생님이 읽으라고 해서 혹은 숙제여서가 이유라면 읽기 전에 살펴본 내용을 적으면 됩니다. '책 제목이나 차례를 보고 예상되는 책 내용, 책에 대한 첫 느낌, 책의 매력을 살펴보고 매력적인 이유' 등을 쓸 수 있습니다. 책의 앞표지와 뒤표지, 띠지 등에 있는 문구를 살펴봐도 좋습니다.

**중간 부분에는 줄거리를 적습니다.** 줄거리는 인물에 따라, 사건에 따라, 배경에 따라 요약해 보면 편합니다.

인물에 따라 요약한다면 인물 관계도를 작성하면 좋습니다. 주인공과 대립 구도에 놓인 인물, 주인공을 돕는 인물 등이 이야기 전개에 어떤 영향을 미치는지를 고려하여 쓰는 것입니다. 이때 인물의 성격이 잘 드러나는 말이나 문장을 인용하면 더 생생해집니다.

사건의 배경에 따라 요약한다면 이야기의 순서인 발단, 전개, 위기, 절정, 결말을 따져 이야기의 흐름이 전개되도록 적습니다. 이때 중요한 것은 무엇을 알게 되었는지, 무엇을 느꼈는지를 써 보는 것입니다. 책장을 덮고도 계속 떠오르는 문장과 장면을 적은 뒤 이에 대한 느낌을 떠올리면 좋습니다. 아직 세상 경험이 많지 않은 아이에게 느낌을 떠올리는 일은 제한적일 것입니다. 따라서 책 속 내용을 다시 떠올리는 시간을 충분히 주어야 합니다. 책장을 다시 펼쳐서 인상 깊었던 부분을 고를 수도 있습니다. 이 과정을 조금 더 쉽게 하고 싶다면 책을 읽을 때 든 감정 등을 메모하도록 합니다.

**끝부분에는 삶과 연결 짓는 글을 작성합니다.** 책을 읽고 나서 궁금해진 것, 더 읽어보고 싶은 책, 내 삶에 적용하고 실천할 점 등을 적는 것입니다. 이때 가장 중요한 점은 솔직함입니다. 어떤 아이는 독후감이 교훈을 강요하는 글이라고 오해해 마음에도 없는 그럴듯한 다짐을 적기도 합니다. 삶과 연관된, 마음에 닿는 글을 적어야 진솔한 글이 됩니다. 가장 큰 울림을 준 문장을 살피면 좋습니다.

| | |
|---|---|
| 처음 | - 책을 읽게 된 이유<br>- 읽기 전 살펴본 내용(예상되는 책의 내용, 책에 대한 첫 느낌, 이 책이 매력적인 이유) |
| 중간 | - 줄거리(인물에 따라 요약, 사건에 따라 요약, 배경에 따라 요약)<br>- 책을 읽으며 알게 된 점<br>- 인상 깊은 부분과 느낌 |
| 끝 | - 책을 읽은 뒤 궁금해진 것<br>- 더 읽어보고 싶은 책<br>- 내 삶에 적용하고 실천할 점 |

■ **다양한 독후감 쓰기** ■

독후감의 형식을 결정하는 사람은 아이 자신입니다. 부모는 아이가 꾸준히 자기 생각을 글로 표현해 볼 수 있도록 다양한 방법을 제시해 줄 수 있습니다.

독후감의 내용으로 쓸 수 있는 것은 ① 책의 내용(인물의 성격, 일어난 사건, 배경 살펴보기), ② 마음에 드는 부분(인상적인 부분, 감동적인 부분, 재미있는 부분, 슬펐던 부분, 친구에게 추천하고 싶은 부분 등 살펴보기), ③ 느낀 점, ④ 떠오르는 경험, ⑤ 확장(다른 책과 견주어 보기, 책과 나의 삶을 연결하기, 책과 사회를 연결하기) 등이 있습니다.

'골라 쓰기'는 위의 다섯 가지 요소 중 원하는 것을 하나 골라 쓰는 방법입니다. 쓰고 싶은 것을 골라서 적어 보라고 하면 아이들은 한결 편하게 독후감 쓰기를 받아들이고, 쓰면서 자기만의 독후감 형식을 찾아가기도 합니다. '② 마음에 드는 부분'을 고른 아이는 마음에 드는 단어를 골라 쓰고 이유를 적어 보거나, 마음에 드는 문장을 따라 쓰고 쓴 이유를 말해볼 수 있습니다. 이 활동을 어려워한다면 부모가 '인상 깊은 문장 3개 적기, 인상 깊은 문장을 나의 말로 바꿔보기'와 같은 구체적인 과제를 내주어도 좋습니다.

'뒷이야기 상상하여 쓰기'는 아이들이 가장 좋아하는 독후감 쓰기 활동으로, '① 책의 내용'을 바탕으로 작성합니다. 그러나 많은 아이가 앞의 내용과 개연성이 없는 막장 이야기를 쓰거나 자극적이고 웃기게 쓰고는 끝내버립니다. 가능한 한 책의 내용을 재해석하고, 책에서 제시한 주요 사건이나 단서를 파악해 이어지도록 해야 합니다. 이렇게 쓴 이야기를 그림책으로 만들어 보면 아이들은 창조의 기쁨을 느낄 수 있습니다.

그 외에 책 속 인물과 가상 인터뷰하기, 인물의 프로필 작성하기, 책 속 인물에게 편지를 쓰거나 상장 주기, 인물의 초상화 그리기, 연대표 만들기, 책에 나온 말로 명언집 만들기, 만화로 표현하기, 시로 표현하기, 독서 퀴즈 만들기, 저자와 가상 대화하기, 친구에게 소개하는 글쓰기, 책을 홍보하는 전단 만들기 등으로 독후감을 쓸 수 있습니다.

독후감은 책이 전하는 지식과 지혜를 삶에 담는 방법입니다. 독후감 쓰기에 부담을 느끼는 아이에게는 아이가 원하는 방식으로 자유롭게 쓰도록 해주세요. 균형 잡힌 독후감을 쓰고 싶다면 처음, 가운데, 끝의 '3단계 독후감 쓰는 법'을 참고하시길 바랍니다. 아이들이 독후감을 지루하게 생각하지 않도록 골라 쓰기 독후감, 뒷이야기 상상하기, 책의 인물을 가상 인터뷰한 독후감, 책 속 인물에게 편지 쓰기, 책의 내용을 만화로 표현하기, 친구에게 책 소개하기 등 다양한 형식을 활용하시길 추천합니다.

# 문해력을 높이는 글쓰기 실전 3

## - 학습 노트 -

심리학자 헤르만 에빙하우스 Hermann Ebbinghaus 는 시간이 지날수록 학습한 내용을 얼마나 망각하는지에 대해 연구했습니다. 연구에 따르면 아이들은 공부한 지 한 시간이 지나면 배운 내용을 절반을, 하루가 지나면 배운 내용의 70% 정도를 잊었습니다. 그렇다면 어떻게 하면 학습 내용을 오래 기억할 수 있을까요?

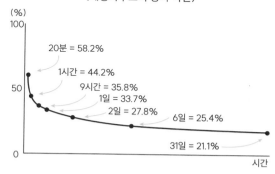

〈에빙하우스의 망각 곡선〉

그 비결은 학습 후 바로 노트 정리를 하면서 배운 내용을 복습하는 것입니다. 노트 정리는 아이의 문해력과 학습력을 향상하는 효과적인 글쓰기입니다.

### ■ 학습 노트 정리란 무엇인가 ■

학교에서는 아이가 수업 시간에 배운 내용과 교과서를 참고하여 노트 정리를 하도록 지도합니다. 중학년 이상부터는 거의 매일 쓰도록 지도하므로 생활 글, 독후감과 함께 아이들이 자주 쓰는 글쓰기이기도 합니다. 그러나 학교에서의 지도와는 달리 노트 정리에 관심 두는 가정은 많지 않습니다. 수업 시간의 연장선이라 생각하여 그냥 아이가 학교에서 잘 쓰고 있는지 확인하는 수준에 그치기도 합니다.

몇 가지 원리를 알고 아이의 노트 정리를 봐주세요. 아이의 글쓰기 실력에 큰 도움을 줄 수 있습니다.

**학습 노트 정리는 배운 내용을 자기만의 방식으로 재구성하여 정리하는 글로, 아이는 그날 배운 내용의 핵심을 알고 조직화할 수 있어야 합니다.** 아이는 노트 정리를 하며 '중요한 것-중요하지 않은 것', '진짜 아는 것-대충 아는 것-알지 못하는 것'을 파악합니다. 그리고 '왜 그렇지?', '왜 이렇게 하는 거지?', '관련 내용은 뭐가 있을까?' 등 학습 내용에 대해 질문을 하면서 생각을 정리하게 됩니다.

4장 글쓰기 - 문해력 완성

지식을 아는 것보다 지식을 조직하여 활용하는 게 더 중요해진 시대입니다. 검색 한 번으로 원하는 정보를 얻는 시대에 암기만이 능사가 아닐 것입니다. 이는 노트 정리를 할 때도 반영되어야 합니다.

노트 정리를 할 때는 선생님이 말한 정보, 교과서에 정리된 정보를 그대로 베껴 쓰면 안 됩니다. 충분한 사고가 동반되지 않은 노트 정리는 쓰는 활동 자체에만 집중하게 합니다. 기계처럼 손노동을 하는 셈입니다. 또 단순 암기를 위한 노트 정리는 학습적으로는 탄탄하게 해줄지 몰라도 응용 학습은 어렵게 합니다. 아이들은 스스로 배운 내용에 대해 사고하며 정리해야 합니다.

**노트 정리는 공부를 지속하게 하는 디딤돌입니다.** 매일 학교에서 배운 것을 정리하지 않으면 나중에는 한 번에 머릿속에 넣기 어려워집니다. 기억해야 할 정보가 산처럼 쌓이면 공부와 더 멀어지게 됩니다.

어떤 과목이든 글로 풀어쓰면서 학습 내용을 성찰하면 다음 학습 단계로 나아가기가 쉽습니다. 아이는 교과서를 읽고 정리하는 과정을 반복하면서 교과서의 구성에 익숙해지며, 중요한 내용을 구분하게 됩니다. 이는 상위 학년까지도 긍정적인 학습 순환이 이어지게 합니다.

### ■ 중학년의 학습 노트 정리하기 ■

3학년이 되면 아이들은 처음으로 과목별 교과서를 받습니다. 노트 정리를 하기 적절한 사회와 과학 교과서를 접하게 되고, 다른 과목 교과서 안에서도 다양한 글쓰기 활동을 접하게 됩니다. 따라서 본격적인 노트 정리는 3학년에 시작하면 좋습니다. 1~2학년은 학교와 학습에 흥미를 갖는 게 중요한 시기입니다. 이 시기에는 노트 정리보다는 아이가 쓰기에 친숙해지도록 도와주며 아이의 쓰기 활동을 독려하는 게 좋습니다.

노트 정리를 할 때는 학습 정리의 정석으로 알려진 '코넬 노트 정리법'을 활용합니다. 우선 노트를 크게 네 구역으로 나눕니다. 맨 위는 '제목 영역'으로 배운 내용의 주제 혹은 학습 문제를 적습니다. 왼쪽은 '단서 영역'입니다. 배운 내용의 핵심 단어를 적습니다. 오른쪽은 '필기 영역'입니다. 왼쪽의 핵심 단어에 해당하는 자세한 내용을 적습니다. 수업을 들으면서 중요하다고 생각한 내용, 교과서에 적혀 있는 내용을 정리하여 적습니다. 맨 아래는 '요약 영역'으로 배운 내용을 짧게 정리하여 요약합니다. 이 부분은 때에 따라 생략할 수 있습니다.

💬 해보기 | 코넬 노트 정리법을 활용한 노트 정리

| 제목 영역 (주제/학습 문제) | |
|---|---|
| 단서 영역 (핵심 단어) | 필기 영역 (핵심 단어에 대한 자세한 내용) |
| 요약 영역 (배운 내용 정리 및 요약) | |

'필기 영역'을 적을 때는 생각 그물, 표, 그림 등을 활용할 수 있습니다. 적절한 시각적 정리 도구는 학습 내용을 명확하게 구조화하도록 돕습니다. 중학년 아이들은 학습 내용에 따라 어떤 시각적 도구를 활용하는 게 적절한지 떠올리지 못하는 경우가 많으니, 부모가 예시를 들어주어도 좋습니다. 학습 내용에 최적화된 정리 도구는 교과서의 중간중간이나 단원의 맨 뒤에 제시되어 있으니 참고하시길 바랍니다.

4학년 사회 교과서의 '촌락과 도시의 생활 모습' 단원을 예로 들어 정리해 보겠습니다. 그날 수업 시간에 배운 내용의 주제를 '제목 영역'에 적습니다. 그리고 '제목 영역'의 물음에 대한 배움 내용을 떠올려 봅니다. 교과서를 다시 읽어보며, 선생님이 강조하셨던 내용과 교과서에서 반복되는 단어를 찾아 '단서 영역'에 적습니다. 핵심 단어가 하위개념에 속할 경우, '농촌, 어촌, 산지촌'처럼 들여쓰기를 하면 좋습니다. '요약 영역'에 학습 내용을 정리할 때는 왼쪽의 핵심 단어가 꼭 들어가도록 적습니다.

| 1. 촌락과 도시의 생활 모습 > 1. 촌락과 도시의 특징<br>촌락은 어떤 곳일까? | | | |
|---|---|---|---|

| 촌락 | 뜻: 자연환경을 주로 이용하여 살아가는 지역을 말합니다. | | | |
|---|---|---|---|---|
| | 특징: 1) 농촌, 어촌, 산지촌으로 구분합니다.<br>2) 자연환경의 영향을 많이 받기 때문에 지형이나 날씨, 계절 등에 따라 생활 모습이 달라집니다. | | | |
| | 구분 | 농촌 | 어촌 | 산지촌 |
| | 자연환경 | | | |
| | 생산하는 것 | | | |
| | 생활 모습 | | | |

촌락은 자연환경을 주로 이용하여 살아가는 지역으로 농촌, 어촌, 산지촌으로 구분한다.

## ▪고학년의 학습 노트 정리하기 ▪

중학년은 코넬 노트 정리법으로 쉽고 간단히 정리하기를 연습한다면, 고학년부터는 줄 노트에 정리하는 식으로 진행합니다. 줄 노트 왼쪽을 3~4cm 띄우고 세로 선을 긋습니다. 그리고 학습 내용을 정리한 뒤 과목이 바뀔 때마다 가로선을 그어 구분합니다. 형식 제약이 적다는 건 그만큼 자율성이 커짐을 의미합니다. 고학년은 학습 역량에 따라 서로 다른 형태의 학습 노트를 작성하게 됩니다.

6학년 과학 교과서의 〈식물의 구조와 기능〉 단원을 예로 들어 정리해 보겠습니다. 그날 수업 시간에 배운 내용의 주제인 '뿌리는 어떤 일을 할까요?'를 '제목 영역'에 적습니다. 이 물음을 자신에게 던져 떠오르는 내용을 적습니다. 더는 떠오르는 내용이 없으면 적은 내용을 분류합니다. 분류 과정에서 부족하다고 느껴지는 부분은 교과서를 참고하여 보충합니다. 보충하기 전에 전체적인 흐름이 어떻게 되는지, 빠뜨린 것은 없는지 살펴봅니다. 어떤 방식으로 정리할지 다양하게 고민해 본 후 배운 내용을 구조화하여 학습 노트를 작성합니다.

**해보기 | 고학년의 학습 노트 정리하기**

〈예 1〉

| 과학 | **1. 식물의 구조와 기능** |
| --- | --- |
| | 뿌리는 어떤 일을 할까요? |
| **뿌리의 기능** | ① 흙 속의 물을 흡수 ② 식물 지지 ③ 양분 저장 |
| **뿌리의 특징** | · 물을 잘 흡수하기 위한 얇고 가는 뿌리털이 있다.<br>· 가느다란 뿌리_예) 해바라기, 민들레<br>· 굵기가 비슷한 뿌리_예) 강아지풀, 파 |

〈예 2〉

| 과학 | **1. 식물의 구조와 기능** |
| --- | --- |
| | **뿌리는 어떤 일을 할까요?** |

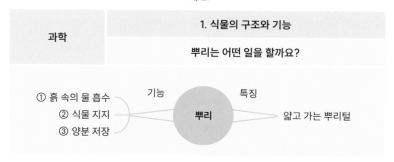

고학년은 중학년 때보다 정리할 내용이 많습니다. 한 번에 다 적어서 예쁘게 완성하려는 욕심은 내려놓아도 됩니다. 정리한 노트는 계속 수정, 보완할 수 있습니다.

아이는 이 과정에서 자신만의 노트 정리 방법을 찾게 됩니다. 학습한 내용을 바탕으로 궁금하거나 더 알아보고 싶은 것이 있다면 밑에 공간을 띄워 두고 다음 과목을 적어 보아도 됩니다. 제가 가르친 한 학생은 '뿌리가 없는 식물이 있을까?'를 밑에 적어두었다가 조사해 온 적도 있습니다.

노트 정리는 배운 내용에 대해 사고하며 글로 풀어내는 글쓰기입니다. 지식의 활용이 중요해진 요즘 시대에 갖추어야 할 글쓰기 역량이자 꾸준한 공부를 위한 기본기가 됩니다. 코넬 노트를 활용한 노트 작성법을 참고하여 아이가 배운 내용을 스스로 정리해 보도록 해주세요. 고학년 때에는 조금 더 자율성을 부여한 노트 정리를 통해, 배운 내용을 지속적으로 보완하면서 자신만의 노트 정리법을 익히도록 독려하시길 바랍니다. 그동안 아이에게 평가 결과만 물으셨다면 아이들이 공부하는 과정, 아이들의 노트도 가끔 봐주셨으면 좋겠습니다.

# 글을 완성하려면
# 다듬어야 한다

　　지금까지 아이들이 학교에서 많이 하는 글쓰기 3종 세트인 생활 글, 독후감, 학습 노트 쓰기에 대해 알아보았습니다. 이 중 생활 글과 독후감은 쓰고 난 뒤 글을 다듬는 과정을 통해 조금 더 나은 글로 만들 수 있습니다. 헤밍웨이는 《노인과 바다》를 200번 이상 고쳐 썼으며, 톨스토이는 《안나 카레니나》를 너무 많이 고쳐서 초고의 형태를 알 수 없을 정도라고 합니다. 이처럼 좋은 글은 글 다듬기를 통해서 만들어집니다. 글 다듬기 방법을 알아보고, 아이의 글쓰기 실력을 키워주시기를 바랍니다.

### ▪ 글을 다듬어야 한다 ▪

　　**처음부터 글을 잘 쓰기는 어렵습니다.** 《샬롯의 거미줄》을 쓴 동화 작가 E.B. 화이트는 "위대한 글쓰기는 존재하지 않는다. 오직 위

대한 고쳐쓰기만 존재할 뿐이다."라고 하였습니다. 이처럼 아이는 글쓰기가 점진적인 발전의 과정이라는 점을 이해하고, 글 다듬기의 필요성을 깨달아야 합니다.

글 다듬기는 더 높은 수준의 글쓰기를 위해 꼭 필요한 과정입니다. 아이는 글 다듬기를 통해 문장의 구조와 표현을 개선하고 불필요한 단어나 구절을 제거하여 글을 더 효과적으로 쓸 수 있습니다.

**글 다듬기는 크게 퇴고와 첨삭 두 가지로 나뉩니다.** 초등학교에서는 퇴고를 고쳐쓰기라는 말로 대신하는데, 고쳐쓰기는 글을 쓴 사람이 주도적으로 자신의 글을 나아지게 만드는 과정입니다. 반면, 첨삭은 제3자가 고칠 점과 칭찬할 점을 찾아 주는 것입니다. 초등학생 때는 주로 고쳐쓰기를 하고, 친구들과 글을 바꾸어 보며 첨삭해 보는 활동을 합니다. 어른의 첨삭도 필요합니다. 어른의 적절한 개입이 없으면 아이들의 고쳐쓰기는 겉핥기로 끝나기 쉽습니다.

저학년 때는 쓴 글을 스스로 점검하거나 친구의 글을 칭찬하는 활동을 주로 하게 됩니다. 인상 깊었던 일을 쓰고 친구와 바꿔 읽은 뒤 고쳐 쓰는 활동도 합니다. 중학년 때는 경험을 쓴 글, 마음을 전하는 글, 독후감과 같은 다양한 글을 점검하고 고쳐쓰는 활동을 합니다. 고학년 때는 아예 글 고쳐쓰기가 한 단원 통째로 편성되어 있습니다. 교정 부호를 익히고 문단 수준, 문장 수준, 낱말 수준에서의 글 고쳐쓰기 활동입니다.

아이들은 글을 다듬고 고치는 작업을 어렵고 귀찮은 과정이라고 생각합니다. 겨우겨우 글 한 편을 완성했는데 고쳐 쓰게 되면, 처음에 쓴 글이 잘못된 글인 줄 알고 자신감을 잃기도 합니다. 게다가 글을 고치는 작업은 쓰는 작업보다 세밀하고 반복적인 작업이 요구됩니다. 부모 입장도 다르지 않습니다. 아이의 글을 읽고 고친다는 것 자체가 상당한 부담입니다. 어떤 기준으로 아이의 글을 고쳐야 하는지 확신이 서지 않기도 합니다. 지금부터는 그 기준을 자세히 살펴보겠습니다.

### ▪ 아이의 글을 존중하는 태도 ▪

취미로 배우는 캘리그래피에서 시화 그리기 수업을 듣던 날이었습니다. 복잡미묘한 심정의 시를 적고 싶어서 배경을 난해하게 그렸습니다. 어떤 부분은 힘을 팍 줘서 채색하고, 어떤 부분은 힘을 빼 그리면서 나름 혼신의 힘을 기울여 느낌을 표현했습니다. 배경이 완성되어 가던 중, 제 작품을 보신 선생님께서 "여기를 조금 진하게 하면 훨씬 좋을 것 같아요."라고 한마디 하셨습니다. 선생님의 말씀을 듣고 채색한 결과는 어떻게 되었을까요? 이전으로 되돌리고 싶은 심정뿐이었습니다. 제가 표현하려던 느낌이 아닌 작품이 되어버렸습니다.

생각해 보니, "~를 더 하면 훨씬 좋을 것 같아."라는 말은 제가 아이들에게 자주 하는 말이었습니다. 제 눈에 아이들의 글이 어리숙하게만 보였기 때문입니다.

부모가 아이의 글을 볼 때도 마찬가지입니다. 부모의 눈에는 아이의 글쓰기 실력이 부족한 것은 물론, 아이의 생각도 뭔가 잘못된 것처럼 보입니다. 그러다 보면 아이의 생각과 감정까지 고치고 싶어집니다. 그러나 이렇게 하면 결국 부모의 지도하에 아이의 글은 사라지게 됩니다. 아이의 표현을 제지하고 일러주기에 바쁘면 아이의 진심이 담긴 글을 볼 수 없을 것입니다.

**아이의 글을 함부로 고치거나 지우면 안 됩니다. 또 부모의 글 버릇을 아이에게 강요하지 않아야 합니다.** 부모는 아이의 문장이 어떤 감정에서 나왔는지 모르기 때문입니다. 부모가 글을 고쳐주기보다 아이가 직접 글을 고치도록 해주세요. 부모와 이야기를 나누어 고칠 점을 찾고, 받아들일 수 있는 정도까지만 고치게 하세요. 그렇지 않으면 아이의 글은 부모가 보기에 알맞은 글이 됩니다. 부끄러운 글이나 숨기고 싶은 내용을 적은 아이의 글이 부모에게 공개하기에 알맞은 수준으로 고쳐 쓰이면 안 됩니다.

**아이가 쓴 글에 오류가 있어도 너무 걱정하지 마세요.** 초등학교 때는 자기 생각을 정리해서 표현하는 활동이 더 중요합니다. 맞춤법이나 띄어쓰기에 신경 쓰느라 자유롭게 표현하지 못한다면 차라리 맞춤법과 띄어쓰기를 포기하는 게 낫습니다. 어차피 아이들은 자기 이야기를 자유롭게 표현하면서 더 좋은 문장과 맞춤법을 표기하는 능력을 키웁니다. 바른 문장 쓰기와 맞춤법, 띄어쓰기는 차츰 개선해 나갈 수 있습니다.

부모가 아이의 글을 첨삭하거나 아이가 스스로 글을 고쳐 쓸 때
는 다음 3가지 내용을 고려해야 합니다.

첫째, 적절하지 않은 낱말이나 틀린 문장이 있는지 확인합니다.
이를 고쳐 쓰면 읽는 사람이 글을 더 쉽게 이해할 수 있습니다. 둘
째, 중심 생각과 관련 없는 부분이 있는지 확인합니다. 군더더기 없
는 글을 쓰면 자기 생각을 더 잘 전달할 수 있습니다. 셋째, 더 필요
한 내용이 있으면 알맞은 곳에 써넣습니다. 필요한 내용을 더 쓰면
자세하고 내용이 풍부한 글이 됩니다.

**부모가 아이의 글을 읽거나 첨삭할 때는 긍정적인 제스처를 취
해야 합니다. 미소를 짓거나 끄덕이세요.** 아이에게 글을 존중하고
있다는 느낌을 전달하는 것입니다. 그리고 아이에게 불필요한 내용
은 삭제하고, 보충할 부분은 필요한 곳에 추가하라고 말해줍니다.
아이가 잘 찾지 못한다면 꼭 고쳐야 할 부분 한두 군데를 제시할 수
있습니다. 예를 들어, 내용이 구체적이지 않다면 그 부분을 질문하
고 글을 보충하도록 합니다. 잘 쓴 부분에 대한 칭찬도 꼭 해주어야
합니다. 아이는 부모가 말한 내용 중 자신이 수긍하는 부분만 선택
해서 고치면 됩니다.

아이 스스로 글을 고친다면 글, 문단, 문장, 낱말을 하나하나 살
피며 고쳐야 합니다. 글을 볼 땐 제목이 글의 전체 내용과 어울리는

지, 글의 목적에 맞는지 살핍니다. 문단을 볼 땐 불필요한 문장이 있는지 살피고 중심 문장이 뒷받침 문장과 어울리는지를 점검합니다. 문장은 문장의 호응이 잘 이루어지는지, 지나치게 긴 문장이 없는지 확인합니다. 단정적이거나 불확실한 표현은 고치는 게 좋겠죠. 낱말은 뜻에 맞지 않게 사용한 낱말이 있다면 적절하게 고칩니다.

다 고쳤으면 소리 내어 읽어봅니다. 귀로 들었을 때 자연스럽게 들리면 잘 읽히는 글입니다. 입도 틀린 부분에서는 반응합니다. 아이는 글을 읽고 들으면서 문장의 내용, 문장 간의 일관성, 표현 방식 등을 확인할 수 있습니다. 생각나는 대로 그냥 글을 적었을 때 미처 알아차리지 못한 어색한 표현이나 문법 오류도 찾을 수 있습니다. 아이는 읽으면서 문장이 어색하게 느껴지는 부분을 알아차릴 수 있습니다. 예를 들어, 읽다가 숨이 차면 너무 긴 문장이므로 짧은 문장으로 고쳐야 합니다.

아이가 스스로 글을 다듬는 과정인 '고쳐쓰기'와 친구나 부모 등의 제3자가 글을 다듬도록 도와주는 '첨삭'을 적절히 활용하면, 아이는 더 높은 수준의 글쓰기를 할 수 있습니다. 글쓰기가 창조적 파괴라는 점을 이해하고 고쳐쓰기의 필요성을 느껴야 합니다. 부모는 첨삭할 때 자기 생각대로 아이의 글을 바꾸지 않도록 주의하고, 아이의 글을 존중해야 합니다. 글 다듬기를 통해 아이의 글쓰기 능력은 본격적인 상승 곡선을 그릴 것입니다.

〈생활 글 고쳐쓰기〉

| | 점검 내용 | 체크 |
|---|---|---|
| 내용 | 1. 글의 주제가 잘 드러났는가?<br>– 내용은 충분한가?<br>– 더 자세히 써야 할 내용은 없는가?<br>2. 주제와 관련한 내용으로 글을 썼는가? | ☐<br><br><br>☐ |
| 조직 | 3. 글의 구조가 분명하게 드러났는가?<br>– 문단이 제대로 나누어져 있는가?<br>4. 글의 내용 전개가 적절하며 글이 잘 마무리되었는가? | ☐<br><br>☐ |
| 표현 | 5. 제목이 글의 내용과 어울리는가?<br>6. 읽은 사람이 흥미를 느낄 만한 글머리인가?<br>7. 낱말 사용이 적절하며 읽는 사람이 이해할 수 있는가?<br>– 무엇을 썼는지 알 수 없는 곳, 확실하지 않은 표현을 한 곳은 없는가?<br>　틀린 글자, 빠뜨린 글자는 없는가? 불필요한 말, 줄여도 될 부분은<br>　없는가? 글씨는 단정하게 썼는가?<br>– 규칙: 띄어쓰기가 잘 되어있는가? 문장의 호응 관계가 올바른가?<br>　글점이나 부호는 알맞은가?<br>8. 읽는 사람이 재미있게 읽을 수 있도록 적절한 표현 방법을<br>　사용했는가? | ☐<br>☐<br>☐<br><br><br><br><br><br>☐ |

〈독후감 고쳐쓰기〉

| 점검 내용 | 체크 |
|---|---|
| 1. 내용에 알맞은 제목을 붙였는가? | ☐ |
| 2. 인상 깊게 읽은 부분이 나타났는가? | ☐ |
| 3. 자기 생각이나 느낌이 드러났는가? | ☐ |
| 4. 내용을 잘 전할 수 있는 형식으로 표현했는가? | ☐ |

# 글쓰기 실력을
# 향상할 방법이 있다

세계에서 높은 순위를 기록하는 대학의 재학생들과 졸업생들은 성공의 중요한 요건으로 '글쓰기'를 꼽습니다. 우리나라도 글쓰기의 중요성을 인식하고 서술형 평가의 비중에 높아지는 추세입니다. 이러한 흐름에 부모들도 아이에게 글쓰기 방법을 가르치고, 글쓰기도 제법 시켜봅니다. 그러나 아이의 글쓰기 실력은 여전히 제자리걸음인 경우가 많습니다.

다음 제시하는 글쓰기 실력을 높일 수 있는 방법을 살펴보고 적용해 보시길 바랍니다.

### ■ 아이가 쓴 글의 독자가 되어 주어야 한다 ■

초등학교 아이들은 학교와 가정에서 다양한 글쓰기 활동을 합니다. 자기 생각을 표현하는 글을 쓰기 위해 끊임없이 사고하며 한

편의 글을 완성합니다. 하지만 글을 쓰는 수고에 비해 충분한 피드백을 받을 기회는 드뭅니다. 한 반에 아이들이 25~30명이 있으니 한 명당 1분씩만 글을 봐주어도 30분, 한 교시 수업이 다 지나버리기 때문입니다. 그 1분에서 교사가 아이의 글을 읽는 시간을 빼면, 피드백 시간은 더 줄어듭니다. 30분 동안 쓴 글을 1분 동안 읽고 나누게 되는 셈입니다. 이렇게 아이들은 무려 6년 동안 무명작가가 됩니다.

**따라서 부모는 아이가 쓴 글의 든든한 독자가 되어주셔야 합니다.** 아이들은 자신의 글을 읽어주는 사람이 있다는 사실에 글쓰기가 즐거워집니다. 부모가 아이의 글을 읽은 뒤 글과 관련된 주제를 나누면 아이가 더 풍부한 사고를 할 수 있습니다. 글에 대해 말할 때는 아이를 가르칠 대상이 아니라 한 '사람'으로서 존중해 주세요. 말 자르기, 끼어들기, 훈수 두기는 지양하시길 바랍니다. 아이와 눈을 맞추어 호응하고, 아이의 이야기에 호기심을 드러내야 합니다.

**대화 나누기가 어렵다면 아이의 글 밑에 댓글을 달아 주세요.** 아이에게 말을 걸듯이 쓰면 됩니다. 쓴 내용에 대해 공감하는 댓글, 질문하는 댓글을 적을 수 있습니다. 아이가 마음을 표현한 문장에는 "○○이가 아끼는 연필을 동생이 잃어버려서 너무 속상했겠구나"라며 공감해 주시길 바랍니다. 그 외에도 했던 말을 그대로 요약하여 공감하는 댓글 달아 주기, 부모의 경험을 연결해 댓글 달아 주기, 글쓰기 형식이나 표현 방법을 칭찬하는 댓글 달아 주기 등을 할 수 있습니다.

아이가 쓴 글의 독자가 되는 다른 방법으로 '가족 게시판 활용하기'가 있습니다. 아이가 학교에서 구강검진에 관련된 가정통신문을 받았다고 가정해 봅시다. 아이는 안내 사항이 적힌 가정통신문을 읽고 자신에게 필요한 내용을 찾아 '엄마, 다음 주까지 튼튼이치과에서 구강검진을 받아야 해요.'라고 적어 둡니다. 부모는 "이번 주 목요일에 엄마랑 치과 가자!"라고 말해주거나 댓글을 써줄 수 있습니다. 아이는 쓰기 유용성을 느끼고 글쓰기 활동을 친숙하게 여기게 됩니다.

## ■ 글을 잘 쓰려면 많이 읽어야 한다 ■

미국 내 복사기 점유율에서 우월한 지위를 보유하고 있던 제록스는 1970년대 중반부터 새로운 국면을 맞이하게 됩니다. 일본의 캐논처럼 합리적인 가격과 고품질로 승부를 보는 경쟁사가 우후죽순 생겨났기 때문입니다. 성장세가 끊겨버린 제록스가 내놓은 해결책은 '벤치마킹'이었습니다. 제록스 측은 일본 경쟁 기업들의 경영 노하우를 알아내기 위해 직접 일본에 건너가 조사 활동을 하였고, 이를 경영 전략에 활용하여 기업 경쟁력을 회복할 수 있었습니다.

잘 팔리는 복사기를 만드는 방법은 무엇일까요? 그냥 복사기를 계속 만들면 될까요? 만약 제록스가 자사의 복사기 제조법을 고집하고 이를 바탕으로만 연구했다면 더 이상의 의미 있는 발전은 없었을 것입니다. 아마 진즉에 파산했겠지요. 글쓰기도 그렇습니다. 글을 많이 써본다고 해서 반드시 글쓰기 실력이 향상되는 것은 아닙니다. 쓰기 양을 늘린다고 해서 글쓰기 실력이 좋아지지 않는다는 것을 밝혀낸 연구 결과도 많습니다.

글을 잘 쓰기 위한 효과적인 방법은 **많이 읽기, '다독'입니다.** 제록스가 경쟁 기업의 경영 전략을 통해 향후 계획을 생각해 냈듯이, 아이들은 읽은 것을 기반으로 글을 쓰게 됩니다. 따라서 아이들은 다른 사람이 쓴 책이나 다른 아이의 글을 많이 읽어보아야 합니다. 많이 읽는 아이는 무의식적으로 좋은 문체를 습득하고 쓰기에 필요한 언어를 익히게 됩니다. 책을 많이 읽는 것만으로 글을 잘 쓸 수 있는 것은 아니지만, 책을 읽지 않고서는 글을 잘 쓸 수 없습니다.

**많이 읽으면 배경지식이 쌓입니다.** 글을 쓰기 위해서는 국어뿐만 아니라 수학, 사회, 과학 등 다양한 분야의 지식을 쌓아야 합니다. 여러 종류의 책을 읽으면 아이는 다양한 분야에 대한 지식을 습득하게 됩니다. 책의 내용은 아이의 배경지식이 되어 모든 글쓰기의 재료가 됩니다. 역사책을 읽은 아이와 읽지 않은 아이가 박물관에 다녀와서 생활 글을 썼을 때, 글의 풍부함은 다를 수밖에 없습니다. 배경지식이 쌓여 풍부한 쓸 거리를 가지고 있는 아이는 글쓰기를 편안하게 여기며, 비교적 쉽게 쓰기 활동을 할 수 있습니다.

### ▪ 필사가 글쓰기 실력을 키운다 ▪

필사는 '베끼어 쓰기'입니다. 책을 읽고 단순히 글을 베끼는 것이 아니라 한 문장 한 문장 이해하면서 베끼는 것을 의미합니다. **필사는 읽는 힘과 쓰는 힘을 동시에 높일 수 있는 방법입니다.** 필사를 하면 좋은 문장들을 더 깊게 이해하고 오래 기억할 수 있습니다. 필사를 통해 좋은 문장들을 주의 깊게 읽고 분석함으로써 문장의 구조와 표현 방식에 대한 이해도 높일 수 있습니다. 아이는 필사한 문장을 모방하거나 변형하여 자신만의 독특한 글감으로 활용할 수도 있습니다.

**필사하면 아이의 글씨체, 맞춤법, 띄어쓰기가 개선됩니다.** 글씨체, 맞춤법, 띄어쓰기는 바로잡아 주기가 참 어려운 부분입니다. 아이의 글을 첨삭할 때 알려주면 지적이 되어버리고, 지식을 전달하듯이 알려주면 지루한 글쓰기 수업이 되어버리기 때문입니다. 그러나 필사 노트를 통하면 자연스럽게 아이의 맞춤법과 띄어쓰기를 바로잡을 수 있습니다. 잘 다듬어진 문장들을 따라 쓰는 동안 아이들은 글씨 쓰기를 연습하게 됩니다. 글씨 교정의 효과도 기대할 수 있습니다.

**필사를 지도할 때는 아이들의 부담을 최소화하고 흥미를 돋우는 방법을 사용해야 합니다.** 처음 시작할 때는 아이가 좋아하는 동화책에서 기억하고 싶은 문장을 한두 개 정도 옮겨 적어 봅니다. 그러다 필사가 익숙해지면 점차 분량을 늘려갑니다. 아이가 하기 싫다고 하면 강요하지 말아야 합니다. 아이의 흥미를 돋우기 위해 필사한 내용으로 추가 활동을 할 수도 있습니다. 예를 들어, 부모와 아이가 필사한 내용을 돌아가면서 소리 내어 읽고 왜 그 부분을 필사했는지 이유를 말할 수 있습니다.

**필사할 때는 자칫 글씨 쓰기 연습이 되지 않도록 주의해야 합니다.** '좋은 문장도 새기고 글씨 교정도 해보겠다.'라고 욕심내는 순간 두 마리 토끼를 모두 놓치게 됩니다. 글씨 연습이나 교정에 너무 많은 시간과 에너지를 사용하면 글의 의미와 내용을 이해하는 과정에서 중요한 흐름을 놓치게 됩니다. 이보다는 글의 내용에 대해 음미하고 생각해 보는 데 더 집중해야 합니다. 글쓰기 기술은 추후에 차근차근 발전시키는 것이 좋습니다.

부모는 아이가 쓴 글의 독자가 되어주고 아이의 글쓰기 활동을 격려할 수 있습니다. 가장 간단한 방법은 아이가 쓴 글에 대해 대화하거나, 댓글을 달아 주는 것입니다. 긍정적인 피드백과 격려를 통해 형성된 글쓰기 자신감은 아이의 글쓰기 실력을 더욱 향상해 줍니다. 아이의 글쓰기 실력을 향상하기 위한 다른 방법으로는 많이 읽기와 필사하기가 있습니다. 글쓰기 실전 방법과 함께 활용하여 아이의 문해력을 잘 다져나가길 바랍니다. 어휘 교육, 독서 교육을 통해 자라난 아이의 문해력은 글쓰기를 통해 꽃을 피울 것입니다.

# 참고 문헌

**1** SBS 스페셜 〈난독시대〉

**2** 조병영, '기초 문해력'의 다섯 가지 측면

**3** Report of the National Reading Panel(2000), National Reading Panel

**4** 김난도, 2021, 《트렌드 코리아 2022》, 미래의창, 73쪽

**5** 초등학교 6학년 2학기 국어 교과서, 교육부

**6** Foorman et al.(1998)

**7** 손정혜·정상민·이정은 외 3명, 《용선생의 시끌벅적 한국사 1》, 사회평론

**8** 이정우·곽한영(2007)

**9** 이종태·이찬승·구수경·최지명, 2018, 〈초등학생의 교과 어휘력 격차-거주환경과 가정 배경 등에 따른 차이를 중심으로〉

**10** "국내 때아닌 '물폭탄'… 동남아엔 '괴물 폭염' 일찍 찾아온 '엘니뇨'·이상 고온 탓이래 요", 어린이 조선일보, 2023.5.11.

**11** 이삼형, 2017, 〈국어 기초 어휘 선정 및 어휘 등급화를 위한 기초 연구〉, 국립국어원

**12** 양정실, 2016, 〈초등학교 교과서의 어휘 실태 분석 연구〉, 한국교육과정평가원

**13** 초등학교 2학년 1학기 국어 교과서, 교육부

**14** 네이버, 무의도 뜻

**15** 윤선도, 〈몽천요〉

**16** 엄훈, 2012, 《학교 속의 문맹자들》, 우리교육

**17** 솔트 럭스 연구진. 다섯 살 정도 지능을 가진 AI 가람이1에는 LG유플러스의 키즈 콘텐 츠인 '아이들 나라'를, 가람이2에게는 유튜브 알고리즘이 추천하는 영상을 무작위로 보여준 결과

**18** A randomized controlled trial of the effects of reading on stress, 2009

**19** 키프로스의 심리학자와 초등교육학자, 〈초등학교 2, 4, 6학년과 중학교 2학년 학생 612명을 대상으로 연구한 듣기 능력과 읽기 능력의 상관관계〉

20 전병규, 2021, 《문해력 수업》, 알에이치코리아, 30쪽

21 소리 내어 읽어주기 프로젝트 연구팀, '부모가 아이에게 책을 읽어줄 때 책 한 권당 각 상호 작용의 빈도수'

22 초등학교 5학년 1학기 국어 교과서, 교육부

23 Kear, D., Coffman, F., McKenna, M., & Ambrosio, A.(2000).Measuring attitude toward writing: a new tool for teachers. Reading Teacher, 54, 10-23.

24 나무 위키, 레오나르도 다빈치, https://namu.wiki/w/%EB%A0%88%EC%98%A4%EB%82%98%EB%A5%B4%EB%8F%84%20%EB%8B%A4%EB%B9%88%EC%B9%98

## 참고 자료

· 2015 개정 교육과정, 교육부

· 초등학교 1~6학년 국어 교과서, 교육부

· 초등학교 1~6학년 국어 교사용 지도서, 교육부

· 초등학교 4~6학년 과학 교과서, 두산동아

· 초등학교 4~6학년 사회 교과서, 두산동아

· 〈문해력의 개념과 국내외 연구 경향〉, 국립국어원

· 이오덕, 1993, 《글쓰기 어떻게 가르칠까》, 보리

· 김순례, 2007, 《독서습관 100억원의 상속》, 파인앤굿

· 엄훈, 2012, 《학교 속의 문맹자들》, 우리교육

· 구근회·김성현, 2013, 《초등 독서 바이블》, 덴스토리

· 스티븐 크라센, 2013, 《크라센의 읽기 혁명》, 르네상스

· 조숙환, 2013, 《언어와 인지 이야기》, 한국문화사

· 최종윤, 2015, 〈쓰기 태도 교육의 문제점과 개선 방향 – 2015 개정·교육과정과 교과서
  를 중심으로〉

· 이가령, 2015, 《이가령 선생님의 싱싱글쓰기》, 지식프레임

· 장서영, 2016, 《초등 적기글쓰기》, 글담

· 황순희, 2017, 《어린이를 위한 독서하브루타》, 팜파스

· 김민아, 2018, 《공부가 쉬워지는 초등 독서법》, 카시오페아

· 조지희, 2018, 《우리 아이 마침내 독서 독립》, 책밥

· 권귀헌, 2019, 《초등 글쓰기 비밀 수업》, 서사원

· 김성효, 2019, 《초등공부, 독서로 시작해 글쓰기로 끝내라》, 해냄출판사

· 메리언 울프, 2019, 《다시 책으로》, 어크로스

· 김종원, 2020, 《문해력 공부》, 알에이치코리아

· 짐 트렐리즈, 2020, 《하루 15분 책읽어주기의 힘》, 북라인

· 크리스 토바니, 2020, 《읽어도 도대체 무슨 소린지》, 연암서가

· 김기용, 2021, 《초등 공부는 문해력이 전부다》, 미디어숲

· 김수정·김미라·이지선, 2021, 《우리 아이 읽고 쓰게 하는 초등 문해력 수업》, 더블북

· 김윤정, 2021, 《EBS 당신의 문해력》, EBS BOOKS

· 김윤정, 2021, 《공부머리 만드는 초등 문해력 수업》, 믹스커피

· 박명선, 2021, 《초등 어휘력이 공부력이다》, 한빛라이프

· 윤희솔, 2021, 《하루 3줄 초등 문해력의 기적》, 청림라이프

· 이은경, 2021, 《초등 매일 글쓰기의 힘: 세줄쓰기》, 상상아카데미

· 이재익·김훈종, 2021, 《서울대 아빠식 문해력 독서법》, 한빛비즈

· 장서영, 2021, 《초등 적기독서》, 글담

· 장재진, 2021, 《30일 완성 초등 문해력의 기적》, 북라이프

· 전병규, 2021, 《문해력 수업》, 알에이치코리아

· 좌승협·서휘경·이윤희·이주영, 2021, 《초등 교과서 읽기의 기술》, 멀리깊이

· 진동섭, 2021, 《공부머리는 문해력이다》, 포르체

· 최나야·정수정, 2021, 《초등 문해력을 키우는 엄마의 비밀 1》, 로그인

· 권태형·주단, 2022, 《1일 1페이지로 완성하는 초등 국영수 문해력》, 북북북

· 권희린, 2022, 《사춘기를 위한 문해력 수업》, 생각학교

· 그림책사랑교사모임, 2022, 《초등 그림책 문해력 수업》, 교육과실천

· 김민아, 2022, 《문해력을 키우는 초등 글쓰기》, 경향BP

· 김선영, 2022, 《어른의 문해력》, 블랙피쉬

· 박재찬, 2022, 《하루 10분 문해력 글쓰기》, 길벗

· 박민근, 2022, 《시냅스 초등 글쓰기》, 은행나무

· 박세당, 2022, 《난독의 시대》, 다산스마트에듀

· 박제원, 2022, 《학교 속 문해력 수업》, EBS BOOKS

· 박찬선, 2022, 《느린 학습자를 위한 문해력》, 학교도서관저널

· 박현수, 2022, 《야무지게 읽고 쓰는 문해력 수업》, 기역

· 서상훈·유현심, 2022, 《유서 깊은 하브루타 문해력 수업》, 성안북스

· 엄훈·염은열·김미혜·박지희·진영준, 2022, 《초기 문해력 교육》, 사회평론아카데미

· 오선균, 2022, 《초등 문해력이 평생 성적을 결정한다》, 부커

· 이향근, 2022, 《아이의 어휘력》, 유노라이프

· 전병규, 2022, 《우리 아이 문해력 독서법》, 시공주니어

· 최나야·정수정, 2022, 《문해력을 키우는 엄마의 비밀 2》, 로그인

· 최나야·정수정, 2022, 《문해력을 키우는 엄마의 비밀 3》, 로그인

· 최나야·정수지 외 3명, 2022, 《문해력 유치원》, EBS BOOKS

· 한미화, 2022, 《쓰면서 자라는 아이들》, 어크로스

· 임영수, 2023, 《초3 문해력이 평생 공부습관 만든다》, 청림라이프

· "생각이 안 나면 옛날식 다방에 들어가 보라", 오마이뉴스, 2018년 4월 27일

· 위키백과, 벤치마킹, https://ko.wikipedia.org/wiki/%EB%B2%A4%EC%B9%98%E
  B%A7%88%ED%82%B9